La petite histoire des
GRANDES IMPOSTURES SCIENTIFIQUES

Je dédie ce livre aux 15 000 chercheurs français du CNRS qui révolutionnent quotidiennement les sciences et dont l'intégrité scientifique est statistiquement parmi les plus remarquables à l'échelle mondiale.

La petite histoire des GRANDES IMPOSTURES SCIENTIFIQUES

Gilles Harpoutian

CHÊNE

SOMMAIRE

L'HISTOIRE EN MARCHE

INTRODUCTION
POSTURES ET IMPOSTURES

La contradiction attendue entre la posture scientifique d'un grand génie et l'imposture d'un savant mystificateur ou plagiaire n'est pas toujours manifeste…

« Humain, trop humain », écrivait en 1878 le philosophe allemand contemporain de Louis Pasteur, Friedrich Nietzsche. Cette assertion s'applique à merveille à l'imposture scientifique. Par-delà les faiblesses et les qualités inhérentes à la nature humaine, le processus de découverte scientifique n'en reste pas moins soumis à l'aléa de toute création intellectuelle. Et, quelle que soit la rigueur scrupuleuse et fine d'un observateur scientifique, la réalité observée est faite de degrés. L'expérimentateur doit savoir maîtriser avec talent l'art de la nuance et donc de l'approximation, en usant avec prudence de son indispensable, mais faillible instinct. L'imposture naîtra de cet instant où l'instinct prend le pas sur la raison.

Comment rendre compte des errements psychologiques de découvreurs victimes de leurs pulsions créatrices autrement qu'en racontant leur histoire, en mettant en lumière cet instant où ils s'approprièrent « leur » vérité ? Une telle trajectoire intellectuelle relève d'une aventure humaine qui offrira plus volontiers son sens au lecteur à travers un récit narratif, plutôt qu'au moyen de la traditionnelle radiographie des vulgarisateurs scientifiques présentant un tableau moralisateur de fausses découvertes.

Les impostures méritent d'autant plus d'intérêt qu'elles sont souvent annonciatrices d'une véritable révolution scientifique.

Les imposteurs que nous avons choisis sont des antihéros : leur obstination et leur sincérité dans l'acte de mystification, d'erreur, de plagiat ou de canular vous les rendront même parfois attachants. Certainement méritent-ils une place à part dans l'histoire des sciences, à laquelle ils participent au même titre que ces héros surexposés que sont les véritables découvreurs.
L'étude de ces impostures, mise en perspective avec la discipline où elles s'exercent et le contexte historique et social qui les rend possibles, est un témoignage précieux de la faiblesse finalement si humaine (trop humaine !), de nos esprits les plus brillants.

Les vérités du chercheur

Nos découvreurs ont toujours été confrontés à l'ingrate notion de vérité. Ingrate, car peu importe le processus de la découverte, la passion de l'expérimentateur ou le nombre d'années que ce dernier aura consacrées à ses travaux : le résultat vérifie factuellement l'hypothèse... ou est erroné. L'imposture se manifeste alors en désespoir de cause, lorsque le scientifique s'affranchit de ce paramètre initial jugé trop exigeant. Et parfois même avec succès, comme nous l'a montré la grande histoire des sciences. Comment ? Grâce au fait qu'il existe pour le chercheur plusieurs formes de vérité. Tricher avec l'une d'elles n'invalide pas nécessairement les autres... L'imposteur habile peut passer entre les mailles du filet de la validation académique en jouant avec ces différents aspects du discernement scientifique.
L'étude des cas d'impostures racontés dans ce livre permet de distinguer trois formes de vérités – expérimentale, scientifique et historique – aux origines de l'imposture.

- La vérité est expérimentale : l'expérimentation, c'est l'étude des faits. Elle ne doit considérer que la réalité des phénomènes. Une hypothèse ou une intuition de vérité ne pourront être considérées comme scientifiquement exactes qu'une fois éprouvées par l'expérience. Cette étape étant « autogérée » par le chercheur, celui-ci est naturellement tenté d'influer sur sa formulation...

Aldo Bonassoli invente un procédé de détection des gisements pétrolifères. Il s'arrangera avec les faits expérimentaux qu'il ne peut rationnellement observer, en les créant de toutes pièces... (*cf. infra* p. 167 et suiv.).

- La vérité est aussi, distinctement, scientifique : les conclusions tirées de l'expérimentation peuvent être valides même si les faits relatés sont frauduleux. C'est le cas, par exemple, du prêtre botaniste Gregor Mendel (*cf. infra* p. 100 et suiv.), qui n'a jamais obtenu les résultats présentés dans ses études. Ses conclusions, et les lois de la génétique qu'elles ont induites, n'en étaient pas moins scientifiquement justes.
- En dernier lieu, la vérité sera historique : quelles que soient l'expérience ou les conclusions scientifiques, seul compte au final ce que l'historien aura transmis à la postérité. C'est l'exemple de Louis Pasteur, qui n'a découvert ni les procédés de la vaccination ni la « pasteurisation », mais n'en reste pas moins un génial inventeur aux yeux de l'histoire. Il en était déjà de même pour Claude Ptolémée (IIe siècle) ou Isaac Newton (au début du XVIIIe siècle) qui, en toute impunité, plagièrent en leur temps d'autres savants. Mais l'historien des sciences n'a pas les mêmes outils ni les mêmes objectifs que l'historien généraliste. Et qu'il faille le regretter ou s'en féliciter avec cynisme, les légendes et mythologies scientifiques auront certainement toujours plus de vertus pédagogiques pour un enseignant que la retranscription rigoureuse de la complexe paternité des idées et des concepts originaux.

À chaque découverte ne correspond pas une seule mais plusieurs vérités scientifiques. Et autant de possibilités de fraude.

L'innovation perverse de la bibliométrie

Loin d'être un phénomène rare et historiquement désuet, imputable à la genèse des méthodes scientifiques modernes, l'imposture n'a jamais été autant pratiquée par les jeunes chercheurs (*cf.* « Les statistiques de l'imposture », p. 13). En cause, l'émergence depuis le début des années 2000 d'un critère objectif de mesure de la qualité du travail des chercheurs. En effet, comment évaluer les performances d'experts dont les responsables administratifs ou les financeurs ne comprennent pas les travaux ? Comment estimer le potentiel d'un doctorant face à celui d'un scientifique expérimenté ? Comment débusquer les budgets alloués à des domaines qui n'ont aucune pertinence expérimentale, malgré l'analyse subjective qu'en feront leurs promoteurs ? Ce critère de mesure quantitative répond à une tendance que les médias nomment le « *publish or perish* » (« publier ou mourir ») : si le chercheur n'atteint pas des seuils bibliométriques minimums, exprimés par une notation arithmétique, alors sa mission et son avancement sont remis en question. La bibliométrie est calculée selon le nombre de publications (articles validés par une revue scientifique) où le chercheur est nommé en tant qu'auteur, mais aussi le nombre de citations référencées dans d'autres études.

La bibliométrie du* publish or perish *est un véritable pousse-au-crime.

Des ingénieurs de l'École des mines de Paris ont étudié ce phénomène en 2012. Ils témoignent des limites d'un tel dispositif : « Les astuces coupables, évoquées sur le ton de la confidence réprobatrice, ne manquent pas pour maximiser les indicateurs chiffrés : on aura recours à l'autocitation et au "tronçonnage" d'un travail de recherche, quand on ne se privera pas non plus de décliner un unique résultat en avatars subtilement modulés, qui paraîtront dans près de trois revues différentes, ainsi que dans les actes de plusieurs conférences. » Ce système d'évaluation est souvent qualifié d'injuste par le milieu scientifique. En effet, si vous faites une découverte révolutionnaire digne d'Einstein tous les cinq ans, votre indicateur bibliométrique justifiera

L'INDICE DE HIRSCH

Le premier indicateur bibliométrique : l'indice *h*, ou indice de Hirsch (h-index) a été inventé en 2005 par le physicien américain Jorge E. Hirsch. Il est obtenu en multipliant le nombre d'articles d'un chercheur par le nombre de citations de ces articles dans d'autres études.

peut-être votre licenciement avant même votre première publication. L'une des toutes premières conséquences, outre la démultiplication des articles de convenance, est la recrudescence des impostures. Pour ne pas perdre son emploi ou trouver le précieux financement tant attendu, certains sont très naturellement tentés d'anticiper des découvertes hésitantes. Se laissant alors prendre à leur propre mensonge, ils multiplient les nouvelles découvertes frauduleuses tel un trader « fou » pris dans la spirale de sa mystification. Tel est le cas du physicien Jan Hendrik Schön (*cf. infra* p. 198 et suiv.) qui publia au début des années 2000 des dizaines de publications frauduleuses, allant jusqu'à simuler la transformation de cellules organiques en transistors électroniques…

La nouvelle chasse aux impostures

En marge du récent « publish or perish » a émergé en parallèle une nouvelle forme de veille, grâce aux réseaux sociaux de chercheurs. De même que le nombre d'articles publiés a fortement augmenté, le nombre de fraudes révélées sur Internet par la communauté scientifique a atteint un niveau inédit. Au centre de cette chasse à l'imposture d'un nouveau genre, le blog PubPeer.com permet à des universitaires anonymes de participer à des discussions sur des articles publiés par leurs pairs. Ce système contributif met en évidence très régulièrement des lacunes dans des articles exposés médiatiquement, mais également dans des publications plus confidentielles. Il a permis de multiples rétractations (le chercheur avoue son erreur et retire son article), relayées par les réseaux sociaux. C'est PubPeer qui a révélé l'imposture de la biologiste japonaise Haruko Obokata dans les semaines qui suivirent la publication de ses articles (*cf. infra* p. 84 et suiv.).
Cette nouvelle forme de contrôle de pair à pair postpublication est une façon pragmatique de faire face à l'augmentation croissante des articles générés par le *publish or perish* et la démultiplication des sujets de recherche. En effet, selon Alain Fuchs, président du CNRS, « il existe environ 28 000 journaux actifs, toutes disciplines confondues, qui publient 2,5 millions d'articles primaires par an ! Le volume des publications scientifiques est devenu colossal. Et il ne cesse de croître. Entre 2002 et 2012, selon l'association STM, le nombre de journaux a augmenté de 2,5 % par an tandis que le nombre d'articles a crû de

3 % par an. Et cette augmentation va sans doute s'amplifier dans les prochaines années. Comment traiter une telle masse ? »

> ***« L'évaluation par les pairs reste comme la démocratie le pire système à l'exclusion de tous les autres. »***
> Alain Fuchs, Président du CNRS

Ces forums contributifs sont l'antichambre d'un autre organisme indépendant, créé sur le Web en 2010 par deux journalistes scientifiques, Ivan Oransky et Adam Marcus, le Retraction Watch. Ce site référence et documente les principales rétractations d'articles scientifiques dans le monde, soit plus de 600 par an depuis 2015. Il publie aussi régulièrement des rapports qui, en temps réel, permettent de suivre l'évolution statistique des impostures et classe les imposteurs les plus cités ou ayant le plus de rétractations à leur actif…

Quelques rétractations indexées sont pour le moins surprenantes : en Inde, un article présentant des règles pour lutter contre le plagiat a été retiré pour… plagiat ! Et plus de 170 articles ont été retirés parce que les relecteurs en charge de leur validation étaient les auteurs eux-mêmes…

Un chercheur cité sur PubPeer puis référencé sur Retraction Watch a dorénavant peu de chance de voir sa carrière se poursuivre. En 2015, l'imposture semble passer d'un artisanat ponctuel à un phénomène industrialisé, fait de plagiats, de fausses découvertes ou de statistiques erronées à la chaîne. Ce qui ne fait que rehausser l'intérêt que nous pouvons porter aux grandes impostures de l'histoire des sciences, qui prendront d'autant plus la valeur d'une œuvre originale, face à une fraude banalisée et terne.

L'imposteur, un artiste incompris ?

« Le sentiment esthétique sert souvent de guide dans l'élaboration des théories », affirmait le mathématicien Louis de Broglie. Il y a une harmonie entre les idées, et certains résultats scientifiques ont une valeur esthétique parce qu'ils « complètent une harmonie inachevée ». Ne parle-t-on pas en mathématiques de démonstrations « élégantes » ? Au début du XXe siècle, Henri Poincaré fait allusion dans *Science et Méthode,* à l'harmonie rationnelle des nombres : « Le savant digne de

Les statistiques de l'imposture

Trois chercheurs américains ont réalisé un examen détaillé de 2 047 articles de recherche en biologie et en médecine indexés par PubMed (l'un des principaux moteurs d'indexations bibliographiques) et rétractés entre 1940 et 2012. Cette étude a révélé que seulement 21,3 % des rétractations étaient dues à une erreur. En revanche, 67,4 % des rétractations étaient directement imputables à une faute, notamment une fraude ou une présomption de fraude (43,4 %), une publication en double (14,2 %) ou un plagiat (9,8 %). Incomplètes ou trompeuses, les annonces de rétractation sont elles-mêmes souvent manipulées afin de minimiser ou d'effacer leur caractère délictuel.
Bien que la rétractation ne concerne qu'un nombre assez faible d'articles – environ 0,01 % de l'ensemble –, le phénomène augmente : le pourcentage d'articles scientifiques rétractés pour falsification a été multiplié par 10 entre 1975 et 2012 et par 3 sur la seule décennie de 1995 à 2005. Un autre chercheur américain, Daniele Fanelli, a analysé en 2009 des sondages anonymes qui montrent que si moins de 2 % des chercheurs reconnaissaient avoir manipulé, voire fabriqué des résultats, plus de 33 % avouaient des manquements déontologiques. Et plus de 14 % disaient avoir constaté que leurs collègues fraudaient gravement…

ce nom éprouve en face de son œuvre la même impression que l'artiste ; sa jouissance est aussi grande et de même nature. […] Si nous travaillons, c'est moins pour obtenir ces résultats positifs auxquels le vulgaire nous croit uniquement attachés, que pour ressentir cette émotion esthétique et la communiquer à ceux qui sont capables de l'éprouver. »

Comment expliquer l'imposture sinon par cet élan créatif, cette volonté de transmettre du « beau », plutôt que la réduire à une simple quête égocentrique de notoriété et de reconnaissance ?

UNE POLICE SCIENTIFIQUE ?

Cas unique au monde, les États-Unis ont créé dans les années 1990, le Bureau de l'intégrité de la recherche (ORI), considéré comme le FBI de l'intégrité scientifique. Son site présente les noms des chercheurs sanctionnés, les raisons de leurs fautes, fournit des documents déontologiques de référence et des outils de détection de plagiats ou d'images trafiquées. Cette administration se concentre sur les incriminations les plus graves qui se traduisent parfois par l'emprisonnement des responsables de la fraude. On peut citer le cas de Dong-Pyou Han (*cf. infra* p. 205), un biologiste de l'Iowa State University (États-Unis), condamné à la plus lourde peine connue : cinquante-sept mois d'emprisonnement.

Dans le même esprit que la Conférence sur le climat (COP), se tient régulièrement une Conférence mondiale sur l'intégrité de la recherche (WCRI). La dernière a eu lieu en juin 2015 à Rio de Janeiro. Près de 600 personnes venant de plus de 50 pays ont échangé pendant trois jours leurs expériences, leurs travaux et leurs politiques sur les phénomènes d'impostures scientifiques. Elle ne déboucha sur aucun nouvel engagement, déclaration de principe ou convention internationale, les membres de la conférence considérant que la mise en place pratique de l'intégrité scientifique faisait déjà partie des politiques scientifiques…

La recherche fondamentale moderne possède une véritable valeur artistique, par l'ampleur des horizons qu'elle nous révèle. De même que la cosmologie et la physique quantique dilatent notre représentation de l'espace et du temps, la biologie et les nouvelles technologies de la matière et du vivant concentrent à l'infini notre rapport à l'espace. C'est l'idée de Pascal, qui voyait l'homme placé « entre deux infinis de grandeur et de petitesse », idée que la science du XXe siècle a confirmée et amplifiée, notamment grâce aux théories d'Einstein sur l'évolution de l'Univers et l'observation des particules élémentaires subatomiques. En cela, la science des découvreurs rejoint celle des imposteurs. Par son rapport passionné à la connaissance, la science de l'imposteur est une expérience spirituelle avant d'être une expérience factuelle erronée. Les imposteurs ont eux aussi une œuvre à nous transmettre, alors de grâce, « ne tirez pas sur le pianiste ! » et laissez-vous porter par ces récits extra-ordinaires…

Le mensonge, une qualité trop humaine ?

Le mensonge serait un phénomène physiologique, observable au scanner cérébral et inhérent à l'intelligence et à la créativité de l'homme. De nombreuses études scientifiques confortent l'idée d'un avantage naturel lié au développement évolutif des primates et des humains. Ainsi, les neuroscientifiques britanniques Richard Byrne et Nadia Corp ont montré en 2004 que la taille du néocortex est directement en lien avec l'aptitude des primates à la tromperie. Ils en tirent la conclusion que plus le néocortex d'une espèce est volumineux, plus les individus ont la capacité de frauder et d'exercer certaines formes de manipulation sociale.
Plus récemment en 2011, un psychologue et un économiste de l'université de Havard, aux États-Unis, ont publié une étude qui démontre que les personnes dont les scores sont les plus élevés dans des tests psychologiques de créativité ont également une plus grande aptitude à s'engager dans des comportements malhonnêtes. Cette conclusion est d'autant plus évidente lorsque l'on sait que la créativité et la tromperie sont toutes deux contrôlées par une même zone cérébrale : le néocortex. En somme, plus nos scientifiques sont créatifs, plus ils seraient naturellement enclins à la fraude… Selon ces mêmes chercheurs, les personnes créatives seraient également les plus astucieuses a posteriori pour justifier ou masquer leurs fraudes.
Ainsi, la créativité et l'intelligence sont des caractéristiques de l'être humain. Et ces talents, parfois surdéveloppés chez certains, sont proportionnels à la faculté de mentir. Qu'il s'agisse de grands scientifiques, de jeunes chercheurs… ou des simples écoliers.

Typologie de l'imposture

L'erreur

Dans l'imposture par erreur, le découvreur commet une faute lors de l'expérimentation ou de la rédaction des conclusions de son étude. Mais une erreur, même répétée, ne suffit pas à créer une imposture pour autant. Ainsi, René Blondlot observe un mystérieux rayon N en 1903, suite à une interprétation subjective (*cf. infra* p. 150 et suiv.). En 2011, l'équipe des chercheurs d'Opera (accélérateur de particules du Cern en Suisse), menée par le physicien italien Dario Autiero, annonce à tort que les neutrinos sont des particules qui vont plus vite que la lumière. Mais alors que Blondlot continuera à clamer l'existence du rayon N jusqu'à la fin de ses jours, l'équipe du Cern reconnaît rapidement son erreur. Finalement, seul Blondlot relève de l'imposture. En cas d'erreur, la différence entre un imposteur et un chercheur maladroit se résume à la reconnaissance de la faute. De nombreux scientifiques sérieux tombèrent dans l'imposture par excès d'orgueil et non par volonté initiale de tromper.

L'erreur obstinée est constitutive de l'imposture.

Le plagiat

Fraude ordinaire, l'imposture par plagiat est certainement la plus répandue dans l'histoire des sciences. Elle consiste à reprendre à son compte des conclusions ou, pis, à recopier une analyse ou des formules, sans citer son ou ses auteur(s). La méthodologie scientifique contemporaine nous fait regarder avec sévérité Pasteur (*cf. infra* p. 62 et suiv.) ou Einstein (*cf. infra* p. 136 et suiv.). Nul doute que leurs articles ne seraient pas acceptés en l'état par un comité de lecture en 2016, et que des communautés en ligne comme PubPeer les auraient qualifiés d'abusifs…

Les plus grands génies comme les savants les plus médiocres utilisèrent le plagiat, considérant que seul le résultat de l'étude comptait.

La mystification

C'est la reine des impostures. Elle provient d'un mensonge et donc d'une fraude délibérée. En 2014, la Japonaise Haruko Obokata a conscience que sa méthode de création de cellules souches embryonnaires est fausse. Elle utilise des données externes pour habiller sa manipulation afin de promouvoir sa carrière (*cf. infra* p. 84 et suiv.). Le psychologue britannique Cyril Burt crée, de 1909 à 1966, de fausses études statistiques sur les jumeaux pour prouver ses thèses eugénistes (*cf. infra* p. 114 et suiv.). Le chimiste Otto Overbeck, dans les années 1920, conçoit et commercialise, sans jamais l'avoir expérimentée, une machine qui, affirme-t-il, permet de rajeunir(*cf. infra* p. 74 et suiv.). Dans un tout autre domaine, les dictateurs du Honduras s'inventent dans les années 1970 une histoire maya et créent des vestiges archéologiques pour développer le tourisme (*cf. infra* p. 36 et suiv.), etc.

L'imposture par mystification est en forte augmentation ces dernières années chez les jeunes chercheurs pris au piège de la mesure bibliométrique.

Le canular

C'est la forme la plus divertissante de l'imposture. Les motivations sont multiples : ridiculiser une institution, comme dans le cas du géant de Cardiff, imaginé par George Hull pour montrer l'absurdité scientifique des textes bibliques (*cf. infra* p. 20 et suiv.). Se moquer du pouvoir en place, comme dans le cas du Turc automate, où l'ingénieur de l'impératrice d'Autriche monte une farce qu'il ne pourra dénouer (*cf. infra* p. 164 et suiv.). Plus récemment, en 1996, le physicien américain Alain Sokal a créé un article volontairement grandiloquent et absurde intitulé « Transgresser les frontières : vers une herméneutique transformatrice de la gravitation quantique » qu'il a réussi à faire publier dans une grande revue scientifique. La polémique qui s'ensuivit permit la promotion de ses idées (et de son livre !) sur les impostures intellectuelles.

Dans le canular, la mystification est destinée à être révélée dès sa conception.

1 ARCHÉOLOGIE

À la frontière des sciences humaines et des sciences exactes, l'archéologie étudie les civilisations anciennes à travers les monuments et les objets qu'elles nous ont laissés. Exploitant l'antinomie entre les ressources littéraires de l'historien et les méthodes rigoureuses de la recherche fondamentale, les découvertes sont l'objet d'un aléa intrinsèque à l'exercice d'une telle discipline. En effet, le site archéologique mis au jour est nécessairement une surprise arrachée aux abysses de l'histoire et ne s'inscrit pas toujours dans un contexte géographique reconnu et étudié. De plus, l'analyse d'objets, souvent muets ou difficiles à déchiffrer, répond à un travail d'interprétation forcément subjectif. Les résultats d'une fouille archéologique sont alors un piège scientifique pour des chercheurs trop déterminés dans leur volonté de faire parler une découverte. Mais ces fouilles sont surtout une fantastique opportunité de mystification pour un imposteur : il tient entre ses mains l'objet et l'explication de l'objet, libre à lui de se les approprier. D'inventer une découverte, comme celle du géant de Cardiff. De construire de faux vestiges pour s'enrichir d'un héritage historique prestigieux, comme c'est le cas de la mayanisation de l'île de Roatán. Ou plus extraordinaire encore, d'inventer une civilisation ancienne sur la base de vestiges désespérément muets, comme les Minoens de l'île de Crête.

Le géant de Cardiff

TYPE D'IMPOSTURE Le canular

DOMAINE SCIENTIFIQUE L'archéologie

OÙ ? Aux États-Unis

QUAND ? En 1869

CROYANCE Les géants ont véritablement existé

PERSONNAGES PRINCIPAUX William Newel (fermier), George Hull (fabricant de cigares), David Hannum (négociant en chevaux) et Phinéas Barnum (promoteur de cirque)

Un fermier américain exhume le corps d'un géant pétrifié, preuve de l'existence d'une espèce humaine disparue.

Hameau de Cardiff, dans l'État de New York, aux États-Unis, 1869. Au sortir de la guerre de Sécession, les Américains retrouvent progressivement le chemin du développement économique. Les campagnes reprennent possession de leur agriculture grâce à la retraite des soldats démobilisés. Contrepartie d'une guerre civile qui a bouleversé une génération entière, les Américains s'abandonnent à un protestantisme « salvateur », qui éduque les esprits par l'exégèse biblique.

La région de Cardiff est représentative de l'Amérique profonde au XIXe siècle : de vastes exploitations agricoles entourées d'une nature encore vierge.

William Newel est un jeune fermier qui a servi dans l'armée nordiste du général Grant. Depuis son retour au pays, il exploite et développe avec conviction une petite ferme héritée de ses parents, dans le comté d'Onondagas à 400 km au nord de New York, non loin de la ville de Syracuse.

Quelques décennies auparavant, Chateaubriand est passé par là, marchant sur les pas de Tocqueville et immortalisant dans ses mémoires ses entretiens avec le chef amérindien de la tribu Onondagas, ancien maître des lieux. Grisé par cette nature totalement préservée et presque déserte, Chateaubriand raconte qu'il manque d'en perdre la raison. Soixante ans plus tard, le décor n'a pas beaucoup changé. Certes, des hameaux se sont constitués autour des fermes, et les villes ne cessent de croître. Mais il s'agit encore d'une Amérique à l'état brut, peu exploitée et toujours imprégnée de la magie des peuplades amérindiennes. Tel est l'environnement de l'histoire étonnante qui va suivre et qui marqua les esprits comme étant l'une des premières grandes impostures de l'époque moderne.

Une découverte inattendue

Le matin du 16 octobre 1869, deux ouvriers puisatiers s'affairent avec leurs pelles pour forer le terrain de la ferme de William Newel. À l'approche de l'hiver, ce dernier a décidé de bâtir un nouveau puits afin d'améliorer l'irrigation de ses cultures au printemps suivant. La nappe phréatique étant située à une dizaine de mètres de profondeur, leur travail devrait durer une semaine, tout au plus. Le plus laborieux étant certainement le cuvelage et la mise en place de la pompe. Newel s'est joint à eux pour les aider. Il tient absolument à diriger le chantier.

Au bout de quelques pelletées, les ouvriers butent sur une surface rocheuse. C'est du granite ! Ils s'étonnent, rechignent, mais décident finalement, sur les conseils de Newel, de reprendre leur forage juste à côté. Rapidement, ils sont à nouveau bloqués par ce même obstacle. Newel ne comprend pas, il n'y a jamais eu la moindre fondation sur cette partie du terrain.

L'un des ouvriers finit par enfoncer sa pelle dans un interstice. Il doit se mettre à genoux pour dégager la terre avec ses mains. La surface du granite est lisse, comme sculptée. Les trois hommes tentent d'évacuer un maximum de terre afin de découvrir l'objet. On aperçoit petit à petit ce qui pourrait bien être une épaule, puis un bras… Apeurés, mais portés par la volonté d'en savoir plus, ils dégagent en quelques heures un corps entier, celui d'un homme de pierre, gisant sur le dos. Newel avance l'idée qu'il s'agit d'un homme pétrifié, car son visage semble comme figé, cristallisé dans une expression de vie.

Bien que la tête soit encore partiellement masquée par les résidus de terre et que les traits du visage soient effacés par l'usure du temps, on distingue très nettement les orbites et le pourtour des oreilles. La bouche est fermée, le dessin des lèvres évoquant l'apaisement. On ne peut qu'être surpris par la posture de l'individu : la main droite semble se reposer sur le bas-ventre alors que le bras opposé est placé derrière le dos, parallèlement à la colonne vertébrale. Le torse légèrement bombé suggère une inspiration profonde plutôt que l'agonie d'un mourant. Assurément, la physionomie singulière du géant ne peut laisser indifférent. Sa taille, deux fois supérieure à celle des ouvriers, est impressionnante – il mesure 3,16 m, son bras droit est long de 1,46 m et son seul index, de 20 cm ! –, et malgré leurs efforts, le géant est trop lourd (1,3 t) pour être déplacé. Il faudrait une grue pour

George Hull, William Newel et les puisatiers (de gauche à droite) improvisent une cérémonie et se recueillent devant la dépouille du géant.

l'exhumer totalement. Sans plus attendre, les ouvriers quittent la ferme et courent à travers le hameau pour transmettre l'incroyable nouvelle : « On a découvert le corps d'un homme gigantesque, solide comme de la pierre, sur le terrain de Newel. » Très vite, le bouche-à-oreille se répand et, dès l'après-midi, les premiers badauds affluent pour observer le phénomène. Le géant de Cardiff vient de naître.

Devant une telle découverte, l'excitation et la curiosité des habitants l'emportent sur le doute.

« Avez-vous vu le géant de Cardiff ? »

La nature véritable du géant devient, dès sa découverte, une affaire culturelle pour les contemporains, qu'ils soient universitaires, intellectuels, ouvriers ou simples curieux. Les plus religieux affirment que c'est l'un des géants bibliques cités dans le livre de la Genèse. D'autres, qu'il s'agit d'une statue réalisée par un prêtre jésuite pour impressionner et évangéliser les Amérindiens. D'autres encore y voient le corps pétrifié d'un prophète de la tribu des Onondagas qui avait déclaré avant de mourir – plusieurs centaines d'années auparavant – qu'il reviendrait après sa mort et visiteraient ses descendants.

Une médiatisation d'une envergure inédite

La presse s'empare de la nouvelle sans délai, dès le lundi 18 octobre 1869, deux jours seulement après la découverte. Un journal local, le *Syracuse Daily Courier* raconte : « Samedi matin dernier, le village tranquille de Cardiff fut projeté dans une excitation sans précédent après l'annonce de la découverte d'un corps humain exhumé dans un état de pétrification, avec des dimensions colossales. » Le surlendemain les quotidiens de New York, puis enfin la presse nationale se relaient pour révéler l'existence du géant. L'envoyé spécial du *New York Herald* écrit ainsi dans les colonnes du journal daté du 20 octobre : « J'ai visité une ferme près de Cardiff afin d'y faire mon enquête pour vérifier des informations concernant la découverte d'un géant pétrifié. Le fossile a été trouvé à trois pieds sous la surface du sol, en creusant un puits. » Si les hypothèses les plus fantaisistes vont bon train, nul ne songe alors à un possible canular.

Soucieux de tirer profit de l'événement, dont la notoriété dépasse toutes ses espérances, William Newel décide, sur les conseils d'un parent – le cousin George Hull, un entrepreneur ayant réussi dans la fabrication de cigares –, d'exposer le géant sous une tente dressée pour l'occasion au-dessus de la zone de fouille. Il fait payer la visite 20 cents, puis 30 et enfin 50 cents ! Rien n'arrête la curiosité d'une population locale avide de sensationnel.

LES MÉDIAS, COMPLICES DE L'IMPOSTURE ?

Le traitement journalistique de la découverte de Cardiff atteste l'entrée des États-Unis dans l'ère moderne de la communication. Dans la seconde moitié du XIXe siècle, la presse écrite s'oriente vers un traitement éditorial sensationnaliste, selon une actualité immédiate, visant à vendre plus d'exemplaires et à augmenter la réclame publicitaire, déjà très présente dans les journaux. Sans cette modernité médiatique, il n'y aurait pas eu une telle imposture. C'est certainement l'une des raisons pour lesquelles le géant a tant marqué les esprits. Un siècle avant les Martiens d'Orson Welles, le géant de Cardiff est assurément le tout premier canular médiatique.

De l'archéologie au phénomène de foire

David Hannum compte parmi les visiteurs qui se pressent sous la tente du géant. Malgré sa réussite et la retraite dorée qui s'offrira bientôt à lui, ce négociant en chevaux très connu dans le pays nourrit un rêve inassouvi : produire des spectacles. Le géant de pierre est une occasion inespérée. Le jour même de sa visite, Hannum sait trouver les arguments afin de convaincre Newel de lui vendre l'homme de pierre pour la somme de 23 000 dollars (plus

de 400 000 euros d'aujourd'hui). Nous sommes au mois de novembre, soit moins de trois semaines après la découverte.
Devenu riche, William Newel partage en bonne entente cette manne financière avec son cousin George Hull qui l'a aidé à exploiter la découverte et surtout a su négocier, entre « hommes d'affaires », une vente particulièrement avantageuse. Peu cultivé, fils d'une famille pauvre, jamais David Hannum ne se posera la question de l'origine véritable du fossile, sa soif de succès l'emportant sur tout raisonnement sensé ou toute considération morale. Sans perdre de temps, il prend possession du géant et organise son exhibition à l'extérieur de la ferme.
On ne peut attendre que le public se déplace jusqu'à Cardiff, il faut donc aller à lui. Hannum monte avec succès une première exposition dans la grande ville de Syracuse, non loin du hameau, avant d'entamer une tournée triomphale dans l'État, qui le mènera jusqu'à New York, véritable consécration pour un organisateur de spectacles.

L'authenticité mise en doute

Mais très rapidement, le phénomène archéologique étant exposé au plus grand nombre, des doutes commencent à se manifester. Des scientifiques amateurs aussi bien que des archéologues affirment que c'est une statue récente et donc qu'il s'agit d'une farce. Le paléontologue Othoniel C. Marsh, de l'université de Yale, est le premier à faire une déclaration publique alors que le géant repose encore sous la tente du fermier. Son constat est sans appel : l'homme pétrifié présente des anomalies anatomiques. Certaines alvéoles à la surface de sa peau sont dues à des perforations mécaniques. Des anfractuosités et traces suspectes sont à l'évidence causées par un travail de sculpture avec de l'acide. Des traces de ciseaux, ajoute-t-il, sont encore visibles à l'œil nu. Mais la population s'est déjà laissé convaincre : farce ou non, on veut voir le géant ! Et les journaux n'ont que faire de la vérité scientifique.

Des archéologues affirment que c'est une farce, mais la population s'est déjà laissé convaincre : elle veut voir le géant !

LE CIRQUE BARNUM

Phineas Barnum et son cirque ont inspiré de nombreux romanciers et cinéastes. Il reste connu aujourd'hui encore pour Tom Pouce, l'homme le plus petit du monde, ou Jumbo l'éléphant.

Barnum, « le prince des charlatans »

Au cours de ces décennies qui précèdent le XXe siècle, le public américain est friand de spectacles à sensation, comme l'atteste le succès de Phineas Barnum, le célèbre promoteur de cirque. « Le prince des charlatans », comme il se définit lui-même, tire profit de la crédulité et du voyeurisme de tout un chacun et utilise de façon avant-gardiste les ficelles du cirque moderne : grandes tournées, publicité locale et spectacles surprenants. En visite à Syracuse, époustouflé par le succès commercial du géant de Cardiff, il fait tout pour convaincre David Hannum de le lui revendre. Flatté par l'intérêt de Barnum, Hannum refuse néanmoins de se séparer de l'objet d'une telle réussite. Barnum surenchérit, il ira jusqu'à 150 000 dollars… pour une participation de 50 % seulement… pour une location de quelques mois… En vain. Qu'à cela ne tienne, il observe minutieusement le géant. Il n'est pas dupe, ignore pour quelles raisons tout cela a été échafaudé, mais il en est certain : le géant a été sculpté.

Barnum fait réaliser une copie à l'identique mais avec du plâtre, bien plus facile à transporter.

D'importants gains sont en jeu, et l'inventeur du cirque moderne compte bien, lui aussi, exploiter le filon du « fossile » de géant. Il fait réaliser de nombreux croquis millimétrés et repart avec l'idée d'en fabriquer une nouvelle réplique rigoureusement identique, mais qui lui appartiendra. Dès janvier 1870, Barnum expose son exemplaire du géant de Cardiff… avec encore plus de succès ! En moins d'une semaine, des milliers de spectateurs affluent à New York. L'émerveillement du public est intact : « C'est la réplique exacte du fossile de Cardiff ! » Comme souvent, lorsqu'une découverte incroyable est communiquée au plus grand nombre, ce qui compte, ce n'est pas la réalité, mais ce qui est suggéré. Peu importe la copie ou l'origine du véritable géant : on vient ressentir une émotion et non acquérir un savoir. Barnum l'a parfaitement compris, c'est le fondement du succès de son cirque.

Vexé par le succès de son rival, Hannum décide de lui intenter un procès pour plagiat. Très rapidement, les deux hommes se font face devant la cour de justice de la ville de New York. Les journaux se délectent du récit des débats. Le célèbre Barnum serait-il un escroc ? Les arguments fusent de part et d'autre. Alors que le magistrat s'apprête à lever l'audience pour délibérer, des murmures se font entendre dans l'assistance. Un homme inconnu se lève. Hannum reconnaît George Hull, cousin du fermier Newel qui était présent lors de la vente du géant. Hull prend la parole, il a une déclaration de la plus haute importance à faire.

Les origines de l'imposture

1868, deux ans plus tôt. Ville de Binghamton dans l'État de New York, à une centaine de kilomètres de Cardiff. George Hull est un fabricant de cigares connu dans le comté. Lors d'un dîner entre notables de la ville, il se dispute avec le révérend méthodiste de Binghamton au sujet de la véracité historique des récits bibliques, et en particulier d'un passage de la Genèse (ch. 6 versets 1-4.) : « Les géants étaient sur la Terre en ces jours ; et également après. Quand les fils de Dieu ont connu les filles des hommes, ils ont fait des enfants, qui sont devenus des hommes puissants, qui étaient renommés, fameux, des héros dans l'Antiquité. » Hull s'insurge et argumente avec fougue. Les géants de la Genèse ? Une vérité biblique ? Comme les héros de la mythologie grecque ? Les invités se rangent prudemment derrière l'autorité du révérend. Si les textes sacrés l'affirment, alors oui, il faut y croire. Sinon, pourquoi ne pas remettre aussi en question Adam, Ève et toute la Création ? George Hull est un athée convaincu à une époque où il est de bon ton d'être croyant. La soirée finit en pugilat. On lui intime de quitter les lieux. George se sent humilié par ce révérand, mais aussi par ses amis, qu'il estime hypocrites, bêtement inféodés à l'homme d'Église et sous l'emprise de ses prêches.

Exclu de la petite société locale des notables de sa ville, il souhaite se venger. Leur jouer un tour. Et pourquoi ne pas prendre au mot ces

LA RÉALITÉ SCIENTIFIQUE DE L'IMPOSTURE

Le gigantisme n'est certainement pas un mythe, mais bien une réalité scientifique. L'histoire des civilisations autant que les annales de la médecine fourmillent de cas authentiques. Il s'agit d'une maladie due à une production excessive d'hormones de croissance par l'hypophyse, une glande localisée dans le cerveau. Tous les mythes ont un fond de vérité…

Véritable géant, Robert Wadlow (1918-1940) détient le record de l'homme le plus grand ayant existé dans l'histoire moderne. À l'âge de vingt-deux ans, il mesurait 2,72 m.

imbéciles ? Une idée incroyable lui vient alors : il va leur démontrer comment se créent les mythes et les légendes, et inventer un géant. Un véritable fossile de géant pour ridiculiser ces grenouilles de bénitier qui ne manqueront pas de tomber dans le panneau. Mais comment créer de manière crédible une telle farce ? Des ossements ? Trop difficile à usiner et facilement vérifiable. Et le géant doit être visible, observable. Sans contestation possible. La pétrification, également présente dans la Genèse, lui apparaît alors comme un moyen excellent pour atteindre son objectif : il faudrait créer un humain géant pétrifié. Une statue en somme.

La mise en chantier du géant

George consulte les archives géologiques de la région. À quelques kilomètres de Syracuse, dans le territoire des Indiens Onondagas, une zone forestière était jadis un lac. Et il n'est pas rare d'y découvrir des poissons ou des reptiles pétrifiés dans la boue. William Newel, son cousin, possède une ferme dans la région, c'est à l'évidence une aubaine ! William, peu éduqué, également athée et facilement influençable, se laisse convaincre. Même s'il ne comprend pas l'énergie déployée par George pour obtenir vengeance, il se joindra à cette opération visant à ridiculiser l'autorité religieuse. On pourra enterrer la statue dans un environnement adéquat, en faire une véritable découverte archéologique. Et l'on organisera une fouille accidentelle par des tierces personnes, des ouvriers par exemple, pour ne pas éveiller les soupçons.

George Hull, un imposteur autodidacte

Lorsqu'il décide de monter son imposture, George Hull a cinquante-huit ans. Il n'est pas un scientifique ni un théologien. Il n'a pas fait d'études. C'est avant tout un entrepreneur en fin de carrière, fortuné grâce à sa réussite dans la fabrication de cigares. À l'approche de la retraite, il recherche une véritable reconnaissance sociale, qu'il ne trouve pas dans son entourage. Faire fortune est louable, mais n'offre pas l'autorité ni le crédit qu'il espérait. Cette imposture sera l'occasion d'un ultime coup d'éclat.

Craignant une fuite, Hull fait croire aux artisans que sa statue est un monument à la mémoire d'Abraham Lincoln, commandé par la ville de New-York.

Dans le plus grand secret, George lance les opérations. L'enjeu politique de ce projet anticlérical le passionne. Il achète un bloc de granite près de Port Dodge, sur la côte Atlantique, au nord de Boston. Une pierre grise, ressemblant à du gypse, avec des rainures foncées laissant apercevoir de possibles vaisseaux sanguins. Le rocher croupit sous l'eau. Il emploie des « gros bras » pour le sortir du port. Puis, il le fait acheminer chez un tailleur de pierre de Chicago par transport ferroviaire. Il lui faut trois semaines et l'aide de nombreux hommes pour assurer le transport du bloc graniteux. Hull racontera plus tard qu'il a acheté le silence du tailleur sans que celui-ci ne sache jamais ce pour quoi il travaillait. Sa mission était de tailler la statue d'une dépouille humaine à grande échelle, plus vraie que nature, sans autres indications.

Pour rendre crédible son invention, Hull impose une finition « baroque ». Le rendu vieilli est obtenu avec de l'acide, et une texture de peau est ajoutée grâce à des milliers de microperforations réalisées à l'aide d'un outil conçu par lui-même : de solides aiguilles à repriser, liées entre elles au bout d'un manche. L'artiste improvisé, soucieux de la qualité de son œuvre, distille maladroitement de menus détails finaux avec de simples ciseaux.

En septembre 1868, la statue est fin prête. Et le résultat dépasse toutes les espérances. George a dépensé plus de 2 600 dollars (environ 40 000 euros d'aujourd'hui) pour réaliser son géant. Mais qu'importe, l'entrepreneur a les moyens, et le jeu en vaut largement la chandelle. Soucieux de ne pas échouer dans la dernière ligne droite, George et William se mettent d'accord pour patienter une année avant de lancer leur canular, afin de dissiper la mémoire des habitants qui ont vu passer le mystérieux convoi acheminant la statue jusqu'à la ferme.

La révélation de l'imposture

Nous revoici dans la salle du tribunal de New York en 1870 au procès en paternité du fossile. Barnum a-t-il le droit d'en exposer une copie ? George Hull s'impatiente. Il est lassé par cette farce. Newel d'abord,

« Je m'appelle George Hull, et ce géant est un faux. Je le sais, car c'est moi qui l'ai fabriqué. »

puis Hannum et Barnum ensuite, lui ont volé la vedette. Et le débat public qu'il attendait sur la véracité des récits bibliques n'a pas eu lieu. Plutôt que de ridiculiser les protestants méthodistes, il n'aura réussi qu'à créer un phénomène de foire. Pendant tout le procès, il a hésité à prendre la parole. Ce n'est que vers le terme de l'audience qu'il trouve enfin le courage de se lever et de parler. D'expliquer la vérité au tribunal, mais également au monde entier : « Je m'appelle George Hull, et ce géant est un faux. Je le sais, car c'est moi qui l'ai fabriqué. » La salle est silencieuse, seules les plumes des journalistes se font entendre en écorchant les pages des carnets de notes. Le juge lui-même semble surpris et met un long moment avant de reprendre la parole.
Après des délibérations rapides, le magistrat lit sa décision, dans une ambiance digne d'une pièce de Broadway : un faux de faux ne peut être juridiquement faux lui-même, et il innocente ainsi Phineas Barnum, sous les ovations du public. Mais le géant n'a pas fini sa brillante carrière pour autant…
Plus de cent cinquante ans après sa découverte, le géant de Cardiff est certainement le canular archéologique le plus populaire de l'histoire moderne. Après avoir été cédé de collectionneur en collectionneur, il est finalement acheté en 1948 par le Farmer's Museum de Cooperstown, dans l'État de New York, où il est toujours exposé et attire de nombreux touristes, tout comme le faux géant de Barnum, conservé au Marvin's Marvelous Mechanical Museum, près de Detroit.

Les nouveaux géants

Après Cardiff, de nombreux géants seront découverts à travers le globe.

Le 28 juillet 2015, une information parcourt le Web, accompagnée d'une impressionnante photo représentant des archéologues autour d'un tibia gigantesque : « Le plus grand squelette humain connu a été découvert par une équipe de l'université d'Adelaïde sur le site archéologique d'Uluru, près d'Ayers Rock, dans le parc national d'Uluru-Kata Tjuta [Australie], a rapporté l'*Adelaide Herald* ce matin. »
Un soi-disant professeur Hans Zimmer de l'université d'Adelaïde annonce : « En théorie, un hominidé de 5 m de haut ne peut pas exister. Comment cela a-t-il pu se produire ? Comment est-ce possible ? Bien que cette découverte soit fascinante, nous avons plus de questions que de réponses. » Seulement voilà, il n'y a pas de professeur Hans Zimmer, ni à l'université d'Adelaïde ni ailleurs sur le globe ! L'imposture a été lancée par un site d'informations spécialisé en canulars, le World News Daily Report. Ce qui n'a pas empêché une reprise très large de la dépêche sur les réseaux sociaux et même sur certains sites d'information.
Depuis Cardiff, des dizaines de géants ont été découverts, certains ont même eu une carrière très honorable, tel celui du comté d'Antrim, en Irlande, en 1895, selon un processus très similaire à celui de Cardiff. Ou encore le squelette humain de 3,5 m trouvé dans le lit du lac Humbolt en Suisse en 1931. Depuis 1870, il ne se passa pas une décennie sans qu'un nouveau géant ne se manifeste quelque part dans le monde grâce à l'intervention d'un archéologue amateur particulièrement chanceux. Nous aurons cependant toujours une affection toute particulière pour l'imposture extraordinaire de George Hull, premier cas d'école du canular médiatique de masse.

Les origines du mythe des géants

Derrière de nombreuses impostures archéologiques se cachent souvent un fantasme ou un mythe populaires, qui prennent leurs origines dans l'histoire des religions. Ainsi, le mythe des géants naît dans la mythologie grecque et se retrouve par la suite dans la plupart des livres saints. Voici à travers quelques citations les principales manifestations mythologiques des géants, qui ont permis à cette croyance populaire de traverser les millénaires.

Chez les Grecs, les Géants (en grec ancien *Γίγαντες / gígantes*, « nés de la Terre ») sont des créatures au gabarit hors norme, mais surtout dotées d'une force exceptionnelle qui leur confère avant l'heure un statut de superhéros, à mi-chemin entre l'homme et la divinité omnipotente. Enfants d'Ouranos (le Ciel) et de Gaïa (la Terre), ils interviennent finalement très peu dans la mythologie, mais ils n'en ont pas moins marqué l'esprit des jeunes générations à travers les siècles. L'épisode de la mythologie grecque le plus connu est la gigantomachie (« le combat contre les Géants ») : Zeus a enfermé les Titans dans le Tartare (l'enfer des dieux grecs où l'on expie ses fautes). Gaïa, leur mère, se montre outrée et déclare la guerre aux dieux de l'Olympe. Elle envoie ses fils, les Géants, au combat.

La Bible mentionne l'existence de géants à différentes reprises dans l'Ancien Testament. Dans la Genèse, il est dit : « Et il y avait des géants sur la Terre en ce temps-là [...]. » Ce simple verset a motivé toute l'imposture du géant de Cardiff !

Dans la Bible (Samuel 17, 1-58), mais également dans le Coran (Al-baqarah, verset 251), l'épisode le plus célèbre est certainement celui où le jeune roi David combat le géant Goliath. L'adolescent abat le héros des Philistins, Goliath, d'un coup de fronde.

Dans le Deutéronome, le cinquième livre de la Bible (et dernier de la Torah), on fait la connaissance d'Og le géant, le roi de Basan : « Og seul restait, des fils des géants, et voyez, son lit était un lit de fer [...] et il était de neuf coudées de long et de quatre de large. » Une coudée mesurant environ 50 cm, on peut présumer que le lit du roi mesurait plus de 4 m de long !

Enfin, dans le livre de Josué (le sixième livre de l'Ancien Testament) ils sont pratiquement tous exterminés : « Josué marcha contre les géants des montagnes, et les tua, et il ne laissa aucun de la race des géants, excepté dans Gaza, Geth et Azoth. »

Quelques géants célèbres

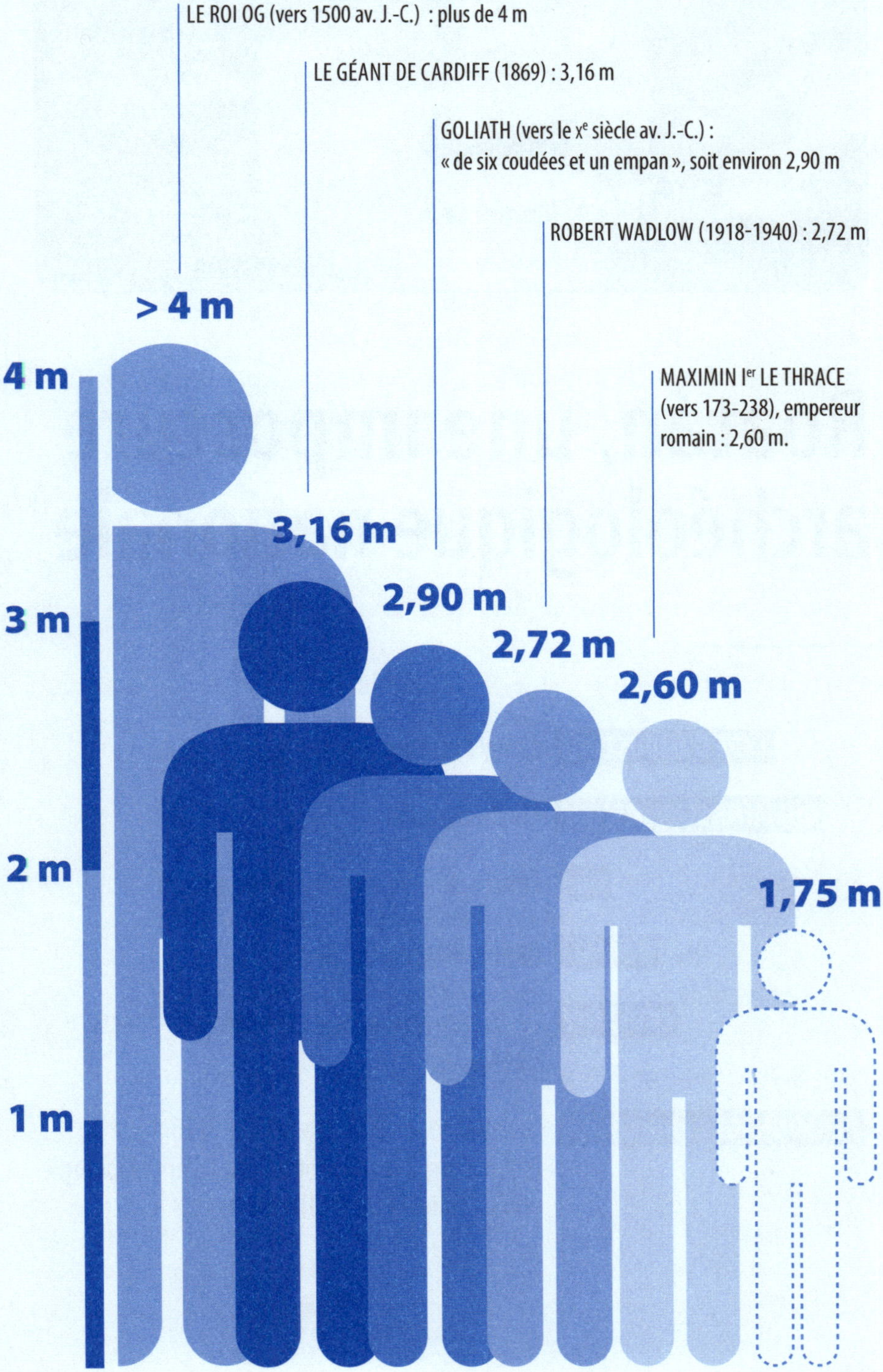

Roatán, une imposture archéologique nationale

TYPE D'IMPOSTURE La mystification

DOMAINE SCIENTIFIQUE L'archéologie

OÙ ? Roatán, une île au large du Honduras

QUAND ? Depuis les années 1970

CROYANCE Les Honduriens sont les descendants directs des Mayas

PERSONNAGES PRINCIPAUX Christian Wells (chercheur), Darío Euraque (chercheur), l'Institut hondurien d'anthropologie et d'histoire, l'État du Honduras

Roatán est un petit paradis de la mer des Caraïbes. Les touristes raffolent de ses magnifiques plages, de ses spots de plongée… et de ses fausses ruines mayas !

« Si la véritable histoire d'un pays et de ses habitants est inconnue, alors son passé ne restera qu'un brouillon, rempli de mythes et de mensonges. » C'est ainsi que l'archéologue Michael Bawaya commente en 2012 l'imposture archéologique et historique de Roatán dans la revue prestigieuse *American Archaeology*, contribuant à sa façon au dénouement de l'écheveau d'une imposture d'État – la mayanisation du Honduras – et à la redécouverte d'un peuple injustement effacé des mémoires, les Pech.
L'histoire débute en 2003, aux États-Unis, dans les sous-sols du département d'anthropologie de l'université de Floride du Sud. Christian Wells, un archéologue spécialiste des civilisations précolombiennes d'Amérique du Sud, farfouille comme à son habitude dans les nombreux placards qui constituent les rayonnages de la salle d'archives. C'est ainsi qu'il découvre par hasard une boîte imposante étiquetée « poteries mayas ». En consultant la fiche plus avant, il constate qu'il s'agit d'un legs daté d'une dizaine d'années, venu d'une famille du Honduras, résidente de l'île Roatán depuis le XIXe siècle. La boîte renferme une collection de plus de cent cinquante plats, bols et contenants divers, ainsi qu'un certificat d'authenticité délivré par l'Institut hondurien d'anthropologie et d'histoire. Ayant déjà une certaine expertise de l'artisanat maya pour avoir travaillé sur de nombreux sites d'Amérique centrale, Christian Wells décide de les observer attentivement.

L'archéologue Christian Wells découvre par hasard, dans la salle d'archives de son université, des poteries mayas.

L'ÎLE DE ROATÁN

Paradis au cœur de la mer des Caraïbes, Roatán est la plus grande île du golfe du Honduras. Son histoire moderne commence en 1502, lorsque Christophe Colomb la découvre et clame son appartenance à l'Espagne, déclenchant une occupation coloniale oppressante qui, en moins de cent cinquante ans, viendra à bout des natifs locaux et de leur culture.

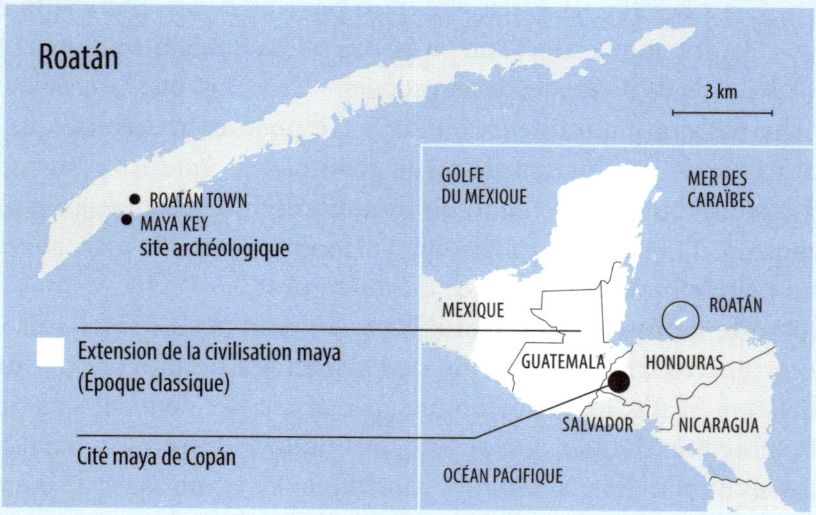

À sa grande surprise, et malgré le certificat officiel, la collection n'est pas le fruit de l'artisanat maya. Après quelques recherches plus approfondies, son diagnostic est clair : ces poteries ont été façonnées par un peuple indigène du Honduras, les Pech, dont on ne connaît que très peu de choses. Voilà de quoi rendre tout son lustre à cette collection en terre cuite, injustement attribuée aux Mayas.

Wells contacte l'Institut hondurien d'anthropologie et d'histoire à Tegucigalpa (la capitale du Honduras) pour faire part de sa découverte et obtenir plus d'informations quant au certificat erroné. On lui confirme malgré tout l'exactitude scientifique et administrative du certificat. Voulant en savoir plus, l'archéologue entre en relation avec Darío Euraque, professeur d'histoire de l'Amérique latine au Trinity College à Hartford, aux États-Unis. Ce chercheur, qui a grandi au

Les dictateurs militaires honduriens ont institué « la mayanisation du Honduras » afin de permettre l'essor de son industrie touristique.

Honduras, est l'un des très rares spécialistes de l'histoire précolombienne de ce pays. Ce qu'il révèle va changer la direction des recherches de Wells pour de nombreuses années : ces poteries ne sont pas mayas, Darío Euraque le sait déjà. Et pour cause, les Mayas n'ont jamais résidé à Roatán. Pourtant, depuis les années 1970, les habitants de l'île, les historiens du Honduras et la plupart des universitaires locaux affirment d'une seule voix, sous la pression du pouvoir dictatorial, leurs origines précolombiennes mayas.
En effet, en quête de revenus touristiques, malgré un environnement paradisiaque mais culturellement pauvre, les dictatures militaires honduriennes qui se succèdent alors ont proclamé ce que Darío Euraque nomme « la mayanisation du Honduras ».

L'histoire réinventée

Le ministère du Tourisme commence ainsi à promouvoir en 1973 cette mayanisation en prenant pour base notamment Copán, une cité maya en ruine proche de la frontière du Guatemala, au centre du pays continental. Le ministère obtient même son classement au Patrimoine mondial de l'Unesco en 1980. Le site est authentique, mais limité et peu représentatif du passé hondurien, puisque l'essentiel du pays n'a jamais été occupé par les Mayas.

Un imposteur institutionnel

L'Institut d'anthropologie et d'histoire du Honduras est l'organisateur de l'imposture maya. En 1952, date de sa création, c'est un centre de recherche des plus sérieux, mais dans les années 1970, le ministère du Tourisme nouvellement créé s'attache ses services afin de construire une identité nationale historique liée à la civilisation maya, l'une des civilisations antiques les plus populaires du monde avec l'Égypte ancienne.

Table rase du passé

Parallèlement à la mayanisation du pays, plus d'un tiers des véritables sites témoignant des origines précolombiennes Pech de Roatán sont détruits afin de permettre l'urbanisation de l'île, la construction des routes et des infrastructures touristiques.

L'identité locale est façonnée en quelques années seulement, en fonction d'impératifs économiques.

Les militaires au pouvoir décident de réhabiliter la cité de Copán pour la rendre attractive et de lui ajouter quelques bâtiments et un musée avec des artefacts et des sculptures. Et après tout, puisque l'on reconstruit… pourquoi ne pas édifier ailleurs une réplique de Copán, et bénéficier ainsi d'un autre point d'intérêt touristique ? C'est dans cette logique que le gouvernement hondurien choisit Roatán. Contrairement à Copán, située en pleine jungle dans une petite vallée, à 600 mètres d'altitude… et à plus de quatre heures de route de la première plage, l'île offre un cadre idéal et paradisiaque. En l'améliorant même un peu, pour optimiser l'arrivée et le départ des visiteurs ainsi que leurs dépenses, ce site pourrait devenir l'équivalent sud-américain des pyramides égyptiennes de Gizeh… Tel est l'objectif des militaires. Et tout est mis en œuvre pour y parvenir, et vaincre l'ultime difficulté historique en institutionnalisant l'héritage maya manquant.

Fait unique dans l'histoire des civilisations modernes, l'histoire d'une région est réécrite en l'espace de quelques années, et l'identité locale, façonnée en fonction d'impératifs économiques commandés par l'industrie touristique. Les manuels scolaires et l'enseignement universitaire sont remaniés, et l'on diffuse même des directives officielles à l'intention des intellectuels et des enseignants du pays, leur interdisant la négation de ces nouvelles origines mayas, à défaut d'en faire la promotion. Après des décennies de réécritures, la plupart des Honduriens aujourd'hui revendiquent par eux-mêmes cette « autre » origine. Et les Pech, véritable population native dont on ignore presque tout, semblent n'avoir jamais existé…

Sur les traces des Pech

Si l'on souhaite expliquer avec ironie cette farce historique, les poteries de Christian Wells relèvent d'une réalité quantique digne du chat de Schrödinger (démonstration qu'un objet existe distinctement dans plusieurs dimensions) : depuis son bureau de l'université de Floride, Christian Wells a scientifiquement raison, ces poteries sont Pech. Mais vues du bureau du directeur de l'Institut d'anthropologie et d'histoire à Tegucigalpa, elles n'en sont pas moins mayas et scientifiquement authentifiées en tant que telles !

Passionné par cette affaire, l'archéologue américain décide d'aller enquêter sur place dans l'espoir de retrouver par lui-même les sites Pech dont sont originaires les poteries et de faire (re)connaître l'incroyable imposture archéologique dirigée par le Honduras. Dès son arrivée, il y découvre une industrie touristique florissante… et un site maya magnifique !

FERNAND, FILS DE CHRISTOPHE COLOMB

L'histoire de Roatán est très peu documentée. L'une des seules ressources historiques précolombiennes provient de Fernand Colomb, fils du grand explorateur.

En juillet 1502, au cours de son quatrième et dernier voyage vers le Nouveau Monde, Christophe Colomb visite les îles de la baie, au large de la côte nord du Honduras. Son fils Fernand l'accompagne, et note dans ses carnets avoir assisté à une rencontre entre les populations locales et l'équipage de son père. Il s'émerveille devant un canot indigène constitué d'un tronc d'arbre de 8 pieds de large (2,5 m) : « Au milieu du navire, écrit-il, il avait un auvent de feuilles de palmier ; ce qui offrait une parfaite protection contre la pluie et les vagues. » Ce canot, qui aurait pu provenir de la péninsule du Yucatán, du Belize ou du Mexique, était selon lui, un bateau maya chargé de marchandises pour le commerce. Par cette simple et unique identification malheureuse, Fernand Colomb aura involontairement offert une base historique erronée. Systématiquement reprise et amplifiée, elle permet de fonder le mythe des origines mayas précolombiennes dans les îles du golfe du Honduras.

Maya Key, un parc de loisirs « archéologique »

Maya Key, une petite île à l'ouest de Roatán, est un véritable parc de loisirs avec des attractions de toutes sortes liées aux fausses origines mayas. On y a aménagé un espace qui présente la faune sauvage locale, des jardins tropicaux, l'art et l'artisanat mayas, une boutique de souvenirs avec des objets mayas, des points de vente pour manger et boire, deux plages de sable blanc pour se baigner… et la reproduction du site maya de Copán. Le ticket d'entrée est de 30 $ par personne (soit 27 € contre 50 € pour Disneyland à titre de comparaison), et environ 250 à 300 personnes visitent cette île quotidiennement, de janvier à décembre. Beaucoup d'entre elles ne sont là que pour quelques heures, à l'occasion d'une escale de leur bateau de croisière. Elles n'auront le temps que de photographier un singe ou un jaguar, de se baigner dans l'eau transparente en louant une serviette de plage et de gravir les marches de la réplique de l'escalier hiéroglyphique de Copán… avant de reprendre la mer.

Le succès de Roatán en tant que station balnéaire paradisiaque prend progressivement le pas sur les faux vestiges de Maya Key.

La figure de proue de cette falsification est Maya Key, l'étape touristique principale de l'île. Sa principale attraction est la réplique de Copán. Si ces « ruines » ne sont pas désignées comme étant d'origine, elles ne sont pas non plus présentées clairement comme étant une reproduction… et la plupart des touristes assimilent Maya Key à l'histoire de Roatán et du Honduras, se désintéressant totalement de savoir si elle est authentique ou non.

Changement de politique ?

Depuis le début de son travail sur les céramiques en 2003, Christian Wells se bat pour faire reconnaître la véritable histoire de Roatán et, en 2005, le vent semble enfin souffler en sa faveur avec l'élection du

président Manuel Zelaya. Celui-ci institue un programme incluant notamment la reconnaissance des minorités honduriennes et de leurs origines. Il nomme un historien, Rodolfo Pastor Fasquelle, ministre de la Culture, lequel s'attache les services de Darío Euraque pour diriger l'Institut d'anthropologie et d'histoire et l'aider à inscrire cette mayanisation en marge de la réalité historique, et non à sa place.
En 2008, Darío Euraque invite Christian Wells à mener des fouilles archéologiques dans les sites anciens pour mettre au jour le véritable passé de l'île. Ainsi débute le « projet Roatán » afin d'en finir avec cette imposture qui falsifie l'histoire véritable de ses habitants. L'année suivante, Christian Wells a étudié la moitié de l'île et a pu prouver que la plupart des occupants de la période précoloniale étaient bien des indigènes Pech. Malheureusement, très peu de temps après l'établissement du projet, le Honduras subit deux catastrophes quasi simultanées : un tremblement de terre et un coup d'État qui voit le renversement du président Zelaya par l'armée, en juin 2009. Rodolfo Fasquelle et Darío Euraque sont immédiatement renvoyés.

Une imposture toujours en cours

Signe du vent qui tourne, le nouveau directeur de l'institut n'est ni anthropologue, ni archéologue, ni même historien. Les dirigeants actuels ont inversé le processus de vérité en expliquant qu'il y avait une culture préhispanique plus complexe et qu'on ne pouvait balayer leurs origines mayas pour les remplacer par les Pech…
De son côté, Christian Wells explique que, si le tourisme autour d'un héritage authentique venait à rencontrer un quelconque succès commercial, les élites locales soutiendraient le changement. Leur motivation n'étant qu'économique et non politique ou culturelle. Darío Euraque, quant à lui, reste pragmatique. Même si les Honduriens tiennent certainement à leur histoire véritable, il souligne qu'ils ont aussi d'autres préoccupations en marge de l'imposture archéologique des dictateurs militaires, par exemple la pauvreté, la violence ou les problèmes de santé publique…

Le site original de Copán

L'escalier hiéroglyphique de Copán a été reconstruit de façon aléatoire.

Copán est le vestige d'une authentique cité maya située à l'extrême ouest du Honduras, à la frontière du Guatemala. Son histoire débute entre le IIe et le IIIe siècle. La ville connaît son apogée au VIIe siècle, avant d'être brutalement abandonnée aux environs du Xe siècle pour des raisons inconnues.
La cité est établie le long de la rivière Copán, un affluant du fleuve Motagua. Bien que le cours d'eau ait emporté une partie importante des ruines, ce site reste avec Chichén Itzá – dans la péninsule du Yucatán, au sud du Mexique – et Tikal, au nord du Guatemala – l'un des vestiges archéologiques mayas les plus impressionnants, tant pour les chercheurs que pour le grand public.
Le plan de la ville répond aux croyances cosmologiques mayas. Elle s'ordonne ainsi selon les points cardinaux avec un centre sacré symbolisant l'axe du monde. Ce centre, appelé « groupe principal », se compose d'une grande place, d'un terrain de jeu de balle et d'une acropole. Dispersées aux extrémités nord, sud, est et ouest les habitations sont reliées au centre par des rues pavées.

L'escalier hiéroglyphique de Copán comporte plus de 2 200 glyphes. C'est le plus long texte maya connu.

L'un des points d'intérêt de Copán, reconstruit à l'identique à Maya Key, est un escalier hiéroglyphique monumental. L'escalier d'origine totalisait 63 marches. Mais seules 15 étaient encore debout lors de la découverte de Copán par l'explorateur espagnol Diego García de Palacio, en 1570. Il fallut attendre le XIXe siècle pour que les 48 autres, qui s'étaient écroulées, soient excavées par des archéologues. Elles furent finalement replacées de façon aléatoire lors des restaurations successives de l'édifice à partir de 1935.

Il n'est donc plus possible de déchiffrer la totalité de cette énigme archéologique ; le texte hiéroglyphique raconte la vie des cinq premiers souverains de la dynastie copanèque. Dans l'axe central de l'escalier, les statues des rois, assis sur les marches, accompagnent majestueusement du regard le visiteur gravissant l'édifice. Elles sont entourées d'ornements rendant hommage à la guerre, au sacrifice des sujets du royaume et au culte des ancêtres.

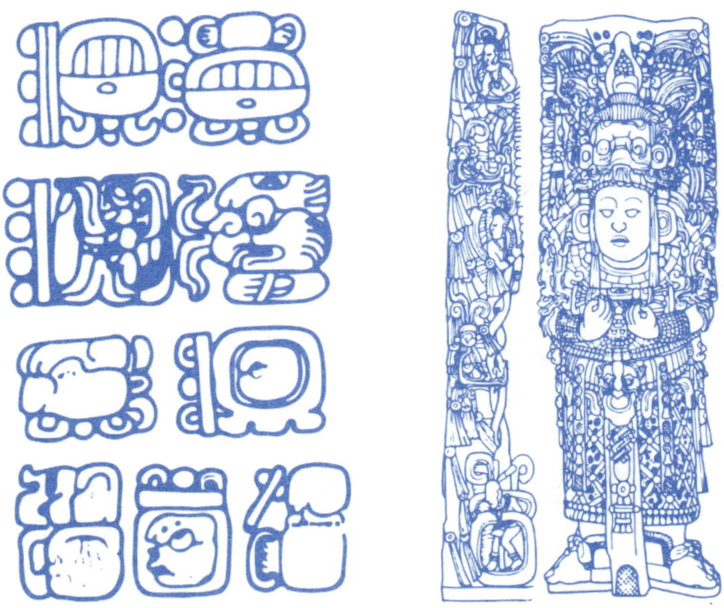

Les hiéroglyphes (à gauche, un relevé partiel) sont finement sculptés sur les contremarches. On ne peut en reconstituer le sens précis, mais on sait que le texte retranscrit une chronique de la dynastie copanèque. La stèle (à droite, relevés de profil et de face) représente le portrait du 15e souverain de Copán, K'ak' Yipyaj Chan K'awiil. Elle a été moulée et reproduite à l'identique sur le site de Maya Key à Roatán (*cf.* illustrations couleurs, p. IX). L'original se trouve au pied de l'escalier et a été érigé vers 756.

Arthur Evans et l'invention de la civilisation minoenne

TYPE D'IMPOSTURE L'invention

DOMAINE SCIENTIFIQUE L'archéologie

OÙ ? En Crète

QUAND ? En 1900

CROYANCE Les ruines de Cnossos sont celles du légendaire palais de Minos et du labyrinthe du Minotaure

PERSONNAGE PRINCIPAL Arthur Evans (archéologue britannique)

En 1900, un archéologue britannique met au jour les vestiges d'une civilisation méditerranéenne préantique, totalement inconnue, à la frontière de l'histoire et de la mythologie grecque. Il décide de reconstruire le site… et invente la civilisation minoenne.

Les peintures murales aux couleurs éclatantes qui ornaient jadis les murs du palais préhistorique de Cnossos comptent parmi les pièces maîtresses du Musée archéologique d'Héraklion, sur l'île de Crète, non loin des vestiges du site. Conçues au IIe millénaire avant Jésus-Christ, ces fresques crétoises sont représentatives de l'imagier universel de la culture hellénique, reproduites depuis cent ans sur quantité de livres scolaires, affiches ou cartes postales. Du premier regard, nous reconnaîtrons ainsi aisément le magnifique jeune prince avec sa couronne de fleurs, marchant à travers un champ de lys ; les cinq dauphins bleus évoluant dans leur monde sous-marin, entre vairons et oursins, etc.

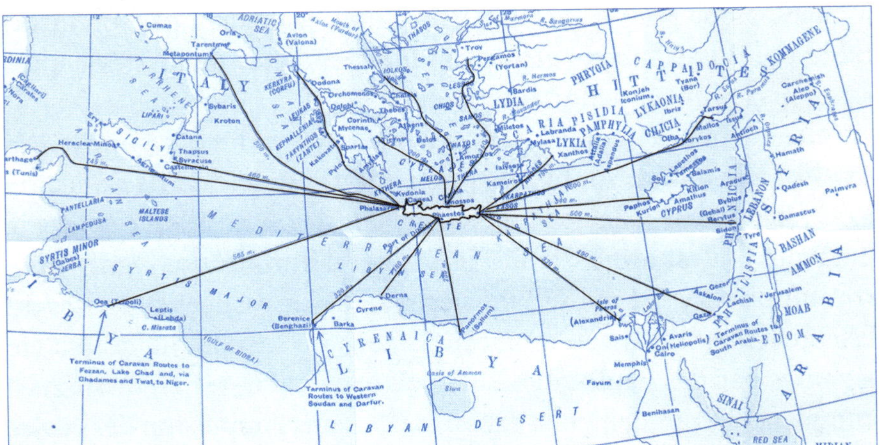

Carte de la Crète dans son contexte maritime transcontinental, d'après celle publiée par Evans en 1921. L'île est située presque à équidistance de la Grèce, de l'île de Rhodes et de la Libye. De par cette position géographie avantageuse, la Crète fut un carrefour entre l'Europe, l'Afrique et l'Asie.

Mais combien de touristes, parmi ceux qui visitent ces vestiges, connaissent la vérité historique du site ? Combien savent que la plupart des fresques et des constructions ne sont pour l'essentiel que le produit de l'imagination d'Arthur Evans, un archéologue britannique ? Oscillant entre restauration et contrefaçon, le plus grand et le plus vieux site archéologique de Méditerranée – souvent comparé à Pompéi par son ampleur – permet de découvrir une civilisation perdue… réinventée par son découvreur. Comment a-t-il réussi ce qui relève pour certains d'une prouesse artistique et pour d'autres, de la pire imposture de l'histoire de l'archéologie ? Pourquoi a-t-il enrichi ce site authentique et extraordinaire avec des vestiges imaginaires ? Quelles étaient ses véritables intentions ?

Des vestiges historiques de la mythologie grecque

Vers 1700 avant notre ère, l'île de Crète, au large de la Grèce, aurait été le siège du royaume du roi Minos et du légendaire labyrinthe du Minotaure.

À la veille du XXe siècle, près de quatre mille ans plus tard, les vestiges de cette époque mythique restent à découvrir. L'île, malgré son importance dans l'histoire de la civilisation hellénique, demeure largement ignorée par les savants européens, au point qu'il n'existe alors aucune carte précise de la Crète. Inconsciemment peut-être, l'île est associée au mythe plutôt qu'à l'histoire. Le manque d'intérêt archéologique pour cette région s'explique également par son instabilité politique : l'île ne gagne son indépendance qu'en 1898, après deux siècles d'occupation ottomane.

À cette époque, les connaissances sur la Crète se limitent à ce que la mythologie a bien voulu nous transmettre. Elle est l'île natale de Zeus, mais aussi celle des combats d'Héraclès et de Thésée contre le Taureau. Et c'est Minos, le fils de Zeus et d'Europe, qui règne sur le royaume crétois. Jusqu'au XIXe siècle, seuls les vestiges supposés du célèbre labyrinthe ou du tombeau de Zeus sur le mont Juktas ont été signalés par des explorateurs. À partir de 1880, les archéologues commencent timidement à explorer l'île, sous l'impulsion des écoles

C'est grâce à la mythologie et non à l'histoire que la légende du roi Minos a pu traverser les millénaires.

MINOS ET LE MYTHE DU MINOTAURE

Le Minotaure est un monstre à corps d'homme et à tête de taureau, né des amours de Pasiphaé, femme du roi Minos, et d'un taureau blanc envoyé par Poséidon. Minos l'enferma dans le labyrinthe construit par Dédale et imposa aux Athéniens de lui livrer périodiquement en pâture sept jeunes hommes et sept jeunes femmes. Le fils du roi d'Athènes, Thésée, réussit à tuer le monstre, délivrant ainsi les Athéniens de ce lourd tribut. Selon certains auteurs, la figure du Minotaure serait née du culte du taureau et de la double hache (*labrys*, qui a donné le mot « labyrinthe ») qui était fréquent dans la religion préhellénique, qui célébrait aussi des tauromachies sacrées.

de recherche hellénistiques d'Athènes, notamment française, puis américaine, britannique et italienne. La concurrence est désormais féroce pour obtenir du jeune État grec – indépendant depuis peu – les droits d'exploitation des sites les plus prometteurs, tels Troie ou Mycènes, dont les fouilles sont réalisées par Heinrich Schliemann.

Les archéologues sont émerveillés par les découvertes de Heinrich Schliemann, qui révèle au monde entier la civilisation mycénienne racontée par Homère.

Si les légendes grecques se vérifient sur les sites de Troie et de Mycènes, pourquoi n'en serait-il pas de même en Crète ? Dans la continuité des travaux de l'archéologue allemand, des premières publications enthousiastes sur la Crète paraissent en Europe, et l'île passe en quelques années du statut de terre oubliée à celui de nouvel eldorado archéologique. Le centre d'intérêt se porte sur Cnossos, la capitale crétoise perdue. Le site étant approximativement localisé par des premières fouilles, il devient l'objet d'affrontements diplomatiques pour obtenir l'autorisation de mener – enfin – des recherches approfondies. C'est à ce moment que débute l'extraordinaire aventure d'Arthur John Evans.

Arthur Evans, l'inventeur d'une civilisation

Arthur Evans est né en 1851. Il est fils d'un antiquaire reconnu qui a fait fortune dans l'industrie grâce à la fabrication du papier. Evans étudie l'histoire à Oxford avant de partir à la découverte de l'Europe orientale, en combinant sa passion pour l'archéologie et un travail de journaliste correspondant dans les Balkans pour un quotidien britannique. Le journalisme d'investigation est alors un métier dangereux, en particulier dans cette zone. En 1882, accusé d'espionnage en Herzégovine, il est emprisonné, condamné à mort, mais finalement sauvé in extremis par des diplomates britanniques qui obtiennent sa libération en échange de son bannissement de l'Empire austro-hongrois.

De retour à Oxford, Evans se voit offrir un poste de conservateur à l'Ashmolean Museum, le prestigieux musée universitaire de la ville. Il se consacre alors à la collecte de fonds pour financer le développement des recherches archéologiques en Europe.

Au milieu des années 1890, ses intérêts se concentrent sur l'île de Crète. La découverte d'une civilisation oubliée va bouleverser son existence. À tel point qu'il se l'approprie et la réinvente…

Un archéologue britannique redécouvre la Crète

Arthur Evans se passionne pour le monde antique et ses reliques, et ne cesse d'enrichir les collections archéologiques du musée universitaire d'Oxford. On lui propose un jour d'ajouter à ses pièces des pierres gravées appelées « pierres des îles ». Les symboles qui y sont inscrits pourraient être une forme d'écriture. Selon les antiquaires locaux, elles seraient crétoises.

Comme Schliemann à Mycènes, Evans réalise qu'il tient là les vestiges d'une civilisation protohistorique, avec son écriture et son histoire, que les archéologues européens s'apprêtent à découvrir à Cnossos. Toutes les grandes civilisations ont leur écriture. Champollion a déchiffré celle de l'Égypte ancienne. Reste le monde méditerranéen homérique à faire renaître des abysses de l'histoire : Evans en sera-t-il le Champollion ? Il fera tout pour y parvenir !

Evans enquête sur place et constate une grande abondance de vestiges préhistoriques. Il est persuadé que le site de Cnossos, jamais mis au jour, en est la source.

Profitant de la fortune familiale, et avec l'aide active de son père, il tente d'acquérir en 1899 le site de Kephala près de Héraklion, l'emplacement du Cnossos antique, la ville légendaire du roi Minos, de la princesse Ariane et du terrible Minotaure. De nombreux universitaires affiliés aux différentes écoles d'Athènes négocient également cette acquisition, mais finalement, l'argent et la détermination d'Arthur Evans l'emporteront.
Le chercheur britannique réussit le tour de force de convaincre les autorités locales et les propriétaires fonciers de lui céder le site à titre personnel et de l'autoriser à réaliser les fouilles – pour son propre bénéfice –, alors qu'elles ont été systématiquement interdites aux plus grands archéologues.

Une démarche pacifique

Le pacifisme d'Evans lui inspire sa vision politique de la civilisation minoenne, et il choisit d'orienter les fouilles dans ce sens. En effet, les travaux d'excavation débutent tout juste deux ans après la fin du conflit gréco-turc qui a permis à la Crète d'accéder à un statut d'autonomie. Horrifié par les conséquences civiles de cette guerre longue et dévastatrice, Evans fait de « sa » fouille archéologique un symbole de la réconciliation entre chrétiens et musulmans. Il emploie des travailleurs issus des deux populations et leur offre un précieux héritage historique commun. Dans cette démarche pacifiste, il décide arbitrairement de supprimer les vestiges d'installations militaires minoennes et favorise la mise en lumière de l'âge du bronze de la Crète, une période idyllique qui ne connut aucune guerre. Evans fait de la civilisation minoenne un symbole moderne idéalisé de paix civile et de bonheur populaire.

La mise au jour du palais

L'excavation commence très rapidement, au début du printemps de 1900. Pour mener à bien une mission aussi prometteuse, Evans recrute une main-d'œuvre à la hauteur de la tâche. Des ouvriers habituellement employés pour du terrassement tels que des pelleteurs, des piocheurs... mais aussi, fait inhabituel sur un chantier de fouille, des ouvriers du bâtiment : maçons et charpentiers. Il s'entoure également de spécialistes pour l'aider à superviser les travaux : un archéologue écossais expérimenté qui tiendra pour lui les carnets de fouille ; un architecte anglais venu de l'école d'Athènes pour lui permettre de comprendre et de reconstruire les vestiges du palais ; et enfin, un artiste peintre suisse pour la restauration des fresques.

Les fouilles se déroulent pendant 15 à 20 semaines par an, employant jusqu'à 300 ouvriers en même temps !

Les prospections sont ordonnées de façon irréprochable. Au point d'être considérées plus tard, malgré la restauration controversée qui suivra, comme la première fouille moderne de l'histoire de l'archéologie. Toutes les excavations sont référencées par des croquis et photographiées, puis repérées sur des plans précis et légendés.
Evans utilise, grâce à son architecte, la technique novatrice de la « stratigraphie architecturale » qui permet de donner un sens historique aux différents lieux en déterminant les phases de construction du palais. Émergent alors plusieurs époques minoennes, le premier palais, puis le second. Chaque période est caractérisée par un style artistique qui lui est propre. En ressortiront ainsi au final trois grandes ères minoennes : ancienne, moyenne et récente. En l'absence de ressources historiques valides, cette chronologie originale sera suffisamment pertinente pour être conservée par les historiens jusqu'à nos jours !

La création de la civilisation minoenne

Après quelques semaines seulement, signe de la richesse à venir des fouilles, les ouvriers découvrent une salle et, en son sein, « le plus ancien trône d'Europe », une chaise en plâtre sculpté, ornée de peintures. Apparaissent également de nombreux fragments d'une fresque qui décorait jadis les murs. Evans se retrouve alors avec un trône,

ÉCRITURE MINOENNE

C'est la volonté de traduire l'écriture des mondes homériques qui attira Evans en Crète. Il découvrit trois écritures différentes : le hiéroglyphique, le linéaire A et le linéaire B. Contrairement à ce qu'il pensait, le linéaire B n'est qu'une forme ancienne du grec. Seuls les hiéroglyphes et le linéaire A relèvent de la civilisation crétoise. Ils restent à ce jour non déchiffrés et les vestiges crétois, muets… ce qui laisse la vision prophétique d'Evans libre de toute contradiction.

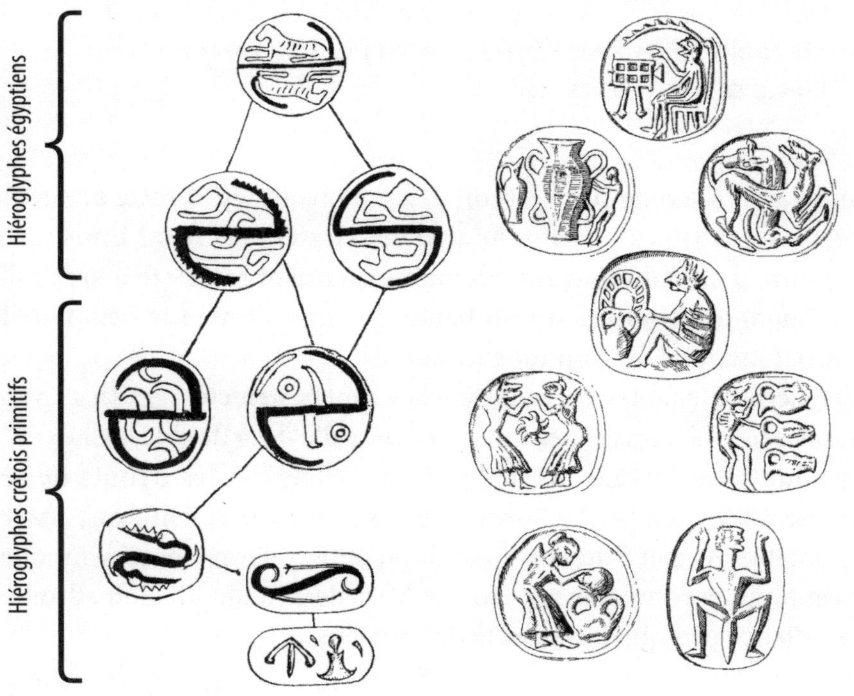

À gauche, les hiéroglyphes crétois comparés aux hiéroglyphes égyptiens sont étonnamment similaires. À droite, ils sont reproduits sur de petites pierres gravées appelées « pierres des îles ».

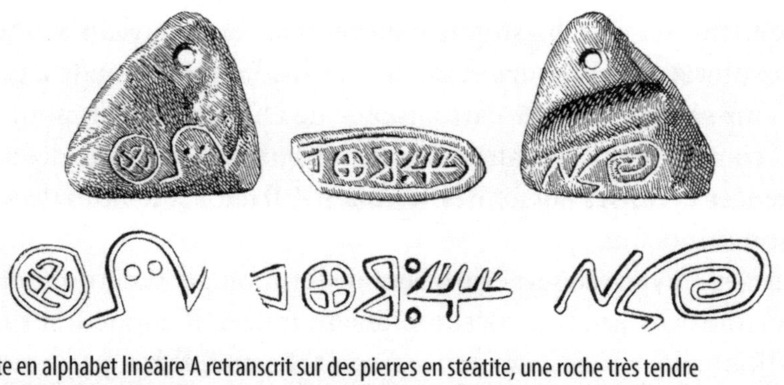

Un texte en alphabet linéaire A retranscrit sur des pierres en stéatite, une roche très tendre particulièrement adaptée à l'écriture. Ces gravures sont extraites de *The Palace of Minos at Knossos*, 1921.

DATATION D'UNE CIVILISATION PERDUE

La civilisation minoenne s'est développée sur cette île de Grèce entre 2700 et 1200 avant notre ère, selon une datation établie grâce aux artefacts égyptiens… En effet, de nombreux artefacts égyptiens avec des inscriptions ont été retrouvés dans les vestiges. Ils ont permis de concevoir des passerelles chronologiques avec l'Égypte ancienne, dont on connaît l'histoire plus précisément.

mais aucun monarque à asseoir… Après avoir hésité entre une reine (Ariane) et un roi, il offre finalement ce siège sacré à Minos, qu'il entoure d'un conseil d'une vingtaine de membres. Il peut symboliquement les disposer sur les bancs qui environnent le lieu. Quelle autre fonction leur donner autrement ?
De pièces attenantes à la salle du trône sont également dégagées. Evans les baptise de noms évocateurs : la « chapelle de la double hache », « la grande salle (mégaron) de la reine ». Mais dès les débuts de ses recherches, il se trouve confronté à un obstacle scientifique insurmontable. Autant Schliemann avait pu utiliser des ressources antiques nombreuses pour analyser Troie et Mycènes, autant lui, doit affronter un silence presque total des textes anciens.

Le monde révélé par Evans n'a laissé que peu de traces dans la mémoire de l'humanité.

Cependant, tel un Christophe Colomb face au Nouveau Monde, il doit explorer, comprendre et offrir une vision qui permette à ce lieu d'obtenir sa place dans la cartographie de l'histoire. Et un nom. Utilisant comme préfixe le patronyme du roi Minos – c'est l'une des seules références crétoises anciennes connues –, il choisit le nom de « civilisation minoenne ».
Précurseur, Evans se sert également de l'ethnologie pour donner une destination aux artefacts désespérément muets. Il enquête sur la vie traditionnelle crétoise, ses danses, son artisanat. Il ira, par exemple, jusqu'à faire des rapprochements avec le culte préislamique du pilier

qu'il a vu en Macédoine afin d'expliquer la fonction de celui découvert dans le palais. L'ethnologie s'avère ainsi une ressource précieuse pour l'extrapolation des vestiges et pour permettre à son découvreur d'imaginer la culture minoenne.

Pour créer scientifiquement sa légende, Evans rédige à partir de 1921 et pendant quinze ans, une synthèse encyclopédique de ses travaux, *The Palace of Minos at Knossos*, publiée par la bibliothèque universitaire d'Oxford. Tout le site y est présenté dans la chronologie des fouilles, puis interprété selon la doctrine minoenne de l'archéologue.

Evans invente une civilisation matriarcale et non violente

Au Ier siècle de notre ère, le philosophe romain Plutarque rapporte que les Crétois se servaient du mot « matrie » au lieu de celui de patrie. Grâce à ses fresques, Evans fera de ses Minoens une civilisation équilibrée où la femme est au premier plan. Mais aussi une thalassocratie fondée sur le commerce maritime, qui rejette toute forme de violence ou de guerre. La religion minoenne vénère la déesse mère de la Fertilité et le Taureau, incarnation de la puissance génitrice.

La peinture « Ladies in blue » pour partie reconstituée, symbolise la vision féministe d'Evans.

La véritable histoire de Cnossos et de son palais

Malgré les réinterprétations et reconstructions d'Evans, les chercheurs contemporains ont pu établir quelques vérités sur Cnossos et son palais, en marge des travaux de l'archéologue britannique, s'affranchissant lorsqu'ils le pouvaient de la « doctrine minoenne », mais n'hésitant pas non plus à reprendre ce qui leur était utile.

Le palais de Cnossos est la résidence royale de la dynastie des Minos. Son élévation débute en 2200 avant notre ère sur un site déjà habité depuis la fin du néolithique (3000 avant notre ère). À l'âge de bronze moyen (2200-1600 avant notre ère), la vallée du Kairatos voit l'arrivée d'un complexe de bâtiments établis autour d'une grande cour centrale et de cours secondaires : salles de réception, appartements pour hommes et femmes, escaliers, magasins de stockage, quartiers des domestiques.

Vers 1700 avant notre ère, le palais est endommagé par un tremblement de terre et reconstruit sur un plan plus large et plus complexe, en s'élevant également jusqu'à cinq étages par endroits. Un théâtre avec des gradins est aménagé au nord, de riches fresques décorent les salles et les passages. Vers 1600 avant notre ère, un nouveau tremblement de terre est l'occasion de remaniements étendus. On construit une grande tombe royale, mi-tombeau, mi-chapelle. Au bronze récent (1600-1400 avant notre ère), on installe la salle du trône rendue célèbre par Arthur Evans. Puis, suite à l'occupation du palais par les Achéens (population indo-européenne qui envahit la Grèce à cette période) et à sa reprise par les Crétois, est bâtie la chapelle des « doubles haches », symbole religieux et politique de la culture crétoise primitive. La ville de Cnossos et son palais sont abandonnés vers le IVe siècle avant J.-C. pour des raisons inconnues.

Le site de Cnossos a fourni, grâce notamment à Evans, une abondante documentation sur l'histoire, l'art et la religion originelle crétois – bien que celle-ci reste encore aujourd'hui difficile à déchiffrer.

On y apprend ainsi la réinterprétation des artefacts, la justification des peintures et les reconstructions ordonnées par l'auteur. Inspirée par l'égyptologie, la royauté crétoise se voit pourvue d'un roi-prêtre, comme les pharaons de l'Égypte ancienne.

En imaginant les cultes et pratiques culturelles qu'ils évoquent, Evans finit par faire naître « sa » civilisation… et l'imposer aux historiens !

Pendant les six années de fouilles, Evans dégage et relève les ruines d'un palais de plus de 13 000 m^2 ! Étape par étape, strate par strate, il restaure ces vestiges afin de leur donner un sens global, une cohérence artistique et historique. Il ajoute des colonnes et des murs en respectant l'esprit archéologique de l'ensemble (malgré l'utilisation de béton !). Il creuse des fenêtres, déplace certains éléments selon les besoins de l'histoire qu'il entend raconter. Les peintures sont complétées ou créées dans le but d'illustrer « son » histoire de la Crète.
Même si le site de Cnossos tel qu'Evans l'a imaginé se visite toujours et n'a jamais été « déconstruit », cette affaire a suscité un très large débat dès les années 1930 et, après que la Société des Nations eut convoqué le Britannique pour venir s'expliquer sur ses travaux, on le surnomma « le constructeur de ruines ». Mais comme l'écrit l'historien Alexandre Farnoux, ce qui pose problème n'est pas la reconstruction en elle-même, mais son caractère irréversible. « Parler de falsifications historiques, poursuit-il, est injurieux et relève d'une histoire de l'archéologie qui se fait "tribunal de l'histoire" […] alors que dans l'ensemble, les spécialistes reconduisent aujourd'hui encore la vision d'Evans ! »

Le modernisme en archéologie : déconstruire l'histoire pour se la réapproprier

La reconstruction archéologique d'Evans et la destruction des traces historiques laissées par la civilisation crétoise choquent les scientifiques d'aujourd'hui. Ne correspondant définitivement pas aux normes de conservation et de restauration des sites, elles relèvent de l'imposture au sens actuel du terme. Elles ne sont pas pour autant le simple caprice d'un homme isolé, devenu fou. Au contraire, elles s'inscrivent dans un courant de pensée ayant fortement influencé les savants, les intellectuels et les artistes de son époque : le modernisme.

Cette notion recouvre un ensemble de mouvements culturels ayant animé les sociétés occidentales à partir de la fin du XIXe siècle, dans les domaines de l'art, de l'architecture, de la musique, de la littérature et des sciences humaines. On peut y voir une sorte de crise générationnelle qui remet en cause l'héritage culturel chrétien, ainsi qu'une défiance envers le rationalisme des Lumières pour raconter l'homme et son histoire. Le modernisme, dans sa dimension théologique, recherche une alternative aux origines de l'homme.

L'archéologie minoenne d'Evans comprise à la lumière du modernisme est une contribution de son époque à la réécriture scientifique de l'Ancien Testament.

La civilisation européenne a des racines païennes dans l'île de Crète. Evans l'exprime dans ses écrits et témoigne d'un véritable appétit spirituel déchristianisé. Son projet de reconstruction d'une civilisation antique selon une vision idéalisée et personnelle atteste cette volonté mystique d'un réenchantement païen du monde par une modernité laïque.

Ce travail moderniste et cet élan mystique laïque s'expriment comme une prophétie biblique qui offre aux visiteurs un monde utopique visionnaire. C'est aussi une rhétorique dont le but est de démonter et de reconstruire le récit des origines humaines.

L'histoire des sciences témoigne à cette époque, dans la plupart des disciplines scientifiques, notamment la cosmologie, la géologie, la paléontologie et pas seulement l'archéologie, de cette quête d'une mythologie nouvelle.

La reconstruction du grand escalier

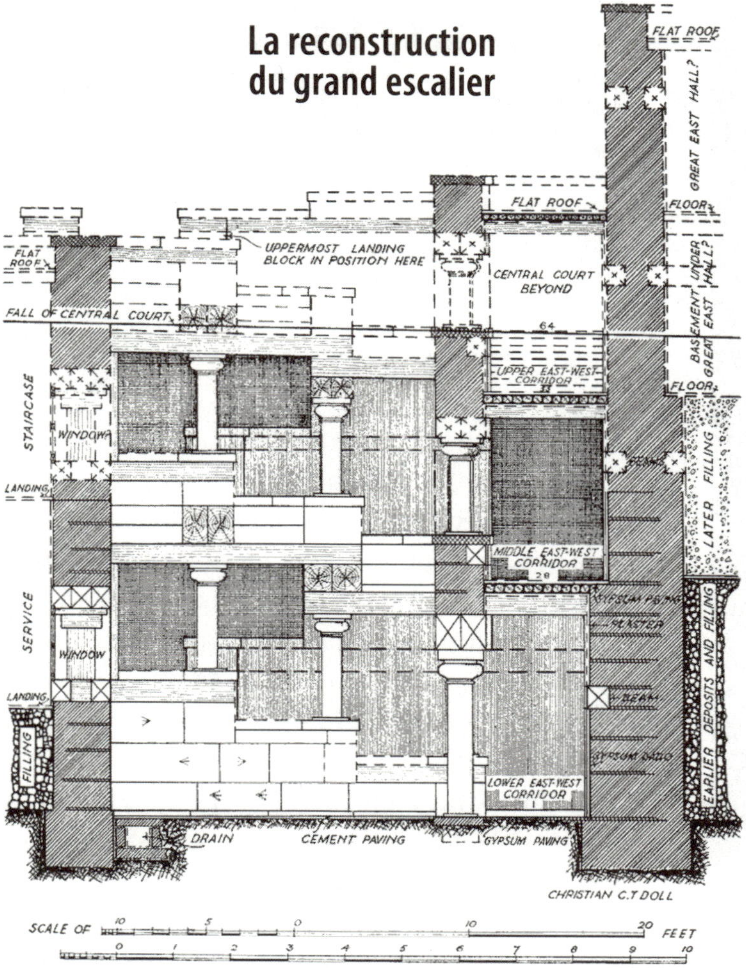

1

2

3

Trois étapes de la reconstruction du grand escalier dont les vestiges menaçaient de s'effondrer : **(1)** plan établi par l'architecte, **(2)** esquisse montrant l'excavation avant la restauration des colonnes, **(3)** photographie de l'escalier après remontage. Evans a consolidé les assises inférieures et remplacé les colonnes et les linteaux par des briques, des poutrelles métalliques et du ciment. Les documents sont extraits de *The Palace of Minos at Knossos*, 1921.

2

BIOLOGIE ET MÉDECINE

La médecine et la biologie ont un avantage extraordinaire pour les imposteurs : elles offrent des applications immédiates au plus large public, contrairement aux sciences fondamentales, dont les effets sont moins palpables. Le crime profite sans délai à son auteur. C'est la raison pour laquelle l'imposture médicale est certainement née en même temps que la médecine elle-même. Ce qui ne l'empêche pas de se renouveler régulièrement avec une créativité sans limites. Les impostures qui vont suivre oscillent entre l'actualité récente et la grande histoire des sciences. Toutes sont aussi extraordinaires que méconnues.

La jeune Japonaise Haruko Obokata rêvait de Nobel ; elle a vécu une ascension fulgurante et une chute d'autant plus vertigineuse. Elle prétendait avoir découvert un moyen de fabriquer des cellules souches à volonté… Nous avons également choisi de raconter l'histoire d'un imposteur réhabilité, Otto Overbeck. Qui pouvait imaginer que certaines des applications thérapeutiques de son appareil d'électrothérapie, le Rejuvenator, étaient fondées ? Comme pour les grandes disciplines artistiques, la science rend parfois honneur post-mortem à ses victimes injustement crucifiées sur l'autel de la rigueur et du sérieux. Ou au contraire, révèle leurs impostures. C'est le cas de Louis Pasteur, dont les pratiques contestables ébranlent la statue du personnage légendaire.

Louis Pasteur, entre légende et imposture

TYPE D'IMPOSTURE Le plagiat

DOMAINES SCIENTIFIQUES La médecine / Les microbes et les virus

OÙ ? En France

QUAND ? Entre 1850 et 1890

CROYANCE Louis Pasteur est un génie des sciences, inventeur de la pasteurisation et de la virologie

PERSONNAGES PRINCIPAUX Louis Pasteur (biologiste), Antoine Béchamp (chercheur oublié), Alfred de Vergnette (inventeur autodidacte)

Une enveloppe, conservée scellée pendant cent vingt ans, révèle que l'une des plus grandes figures de l'histoire des sciences a plagié ses contemporains.

Pasteur fait partie des personnages illustres de l'histoire de France, mais également de l'histoire universelle des sciences. Il bénéficie à ce titre d'une auréole inaltérable, cristallisée par un siècle de vénération tant pour l'homme que pour ses découvertes. Les microbes et la virologie furent les principaux domaines qu'il révolutionna par sa vision géniale. La célèbre fondation ainsi que l'institut de recherche qui portent son nom continuent aujourd'hui encore d'entretenir sa légende dans le monde scientifique.

Pourtant, depuis une vingtaine d'années, certaines critiques commencent à émerger et vont jusqu'à remettre en cause sa qualité d'« inventeur ». Au point même d'envisager, au regard des pratiques scientifiques contemporaines, de le considérer comme un imposteur. Qui sont les vils délateurs qui dénoncent la légende ? Des historiens éclairés ? Des hommes de science souhaitant, grâce à la critique, recevoir un peu de la lumière du génie ? Aucunement. Contre toute attente, le délateur, c'est Pasteur lui-même.

> ***« Le savant doit s'inquiéter de ce qu'on dira de lui dans un siècle et non des injures ou des compliments du jour. »***
> Louis Pasteur

Le mystérieux pli n° 2504

L'histoire de cette imposture débute le 26 juillet 1869 dans la salle des coffres de l'Académie des sciences, à Paris, quai Conti. Malgré son hémiplégie et les difficultés motrices associées, Pasteur est seul, déterminé, face à une pile de documents qu'il range tant bien que mal dans des enveloppes afin de les rassembler pour en faire un pli compact. Il appelle l'huissier de l'Institut de France. Celui-ci entre, consolide l'assemblage maladroit et le scelle avec un cachet de cire. Il annote une étiquette avec la référence anonyme 2504 et dispose le pli avec précaution sur l'une des nombreuses étagères du coffre. La lourde porte en acier se referme. Pasteur émarge le registre des archives et repart, abandonnant à la postérité de mystérieux documents.

Depuis 1840, le règlement de l'Académie prévoit la possibilité pour un chercheur de confier des documents confidentiels à l'Institut de France pour une période de cent ans. Une extension de vingt années supplémentaires est également prévue pour prendre en considération les périodes de guerre. Quel secret le grand homme veut-il laisser à la postérité ? La réponse sera connue cent vingt ans plus tard. Le 18 février 1988, le paquet scellé de Louis Pasteur est ouvert. C'est le troisième depuis 1966, et le dernier. Il renferme des carnets de notes manuscrites. Et ce que vont y découvrir les archivistes de l'Académie des sciences va surprendre les historiens. Le génie se serait approprié la genèse de certaines découvertes, sans jamais mentionner ses sources.

Louis Pasteur, un chercheur légendaire

Louis Pasteur est né le 27 décembre 1822 dans le Jura. Il est le fils d'une famille de tanneurs. Écolier brillant, il intègre en 1843 la prestigieuse École normale supérieure de la rue d'Ulm, à Paris. Il obtient son doctorat de chimie en 1847 et devient la même année professeur à la faculté des sciences de Strasbourg. À trente-trois ans seulement, il est nommé doyen de la faculté des sciences de Lille. Ses nombreuses recherches sont jalonnées de prix et de récompenses à l'Académie des sciences, qui l'accepte en son sein en 1862. En 1865, il dépose un brevet pour la pasteurisation du vin. La première vaccination antirabique (contre la rage) est réalisée en 1885. Il inaugure l'institut qui porte son nom en 1888. Il s'éteint en 1895, laissant un héritage scientifique devenu légendaire bien avant sa disparition.

La légende remise en cause

Durant toute sa carrière, Louis Pasteur, tel un capitaine de navire, nota dans un journal de bord, avec scrupule et sincérité, son activité quotidienne de laboratoire, résuma ses échanges épistolaires, ses rencontres, ses interventions. Travailleur forcené, il avait aussi pour habitude de se lancer dans des domaines prometteurs en étudiant de façon exhaustive l'ensemble des publications disponibles sur le sujet qu'il s'était donné en étude. Ses carnets retranscrivent chronologiquement ce travail de recherche. Ils ont permis de confronter la réalité du chercheur à la légende de l'homme, forgée par les nombreux historiens et biographes. L'un d'eux, membre de l'Académie internationale d'histoire de la médecine, Philippe Decourt, écrit, suite à l'étude de ces notes, que « rarement l'histoire de la science n'aura été autant falsifiée et avec autant d'impudence » ; « comment une telle erreur a pu être aussi unanime et persister aussi longtemps ? » Pourtant, la réalité de ces notes et les conclusions qu'elles inspirent restent une affaire de spécialistes. Le grand public est encore épargné par le scandale.

> ***« La chance ne sourit qu'aux esprits bien préparés. »***
> Louis Pasteur

Ce n'est qu'à partir du début des années 2000 que la légende pasteurienne populaire commence à être écornée grâce aux encyclopédies en ligne – ressource à jour des travaux récents des historiens – et grâce au succès public de certains ouvrages, tel *Louis Pasteur. La réalité après la légende* de Pierre-Yves Laurioz. Ce pharmacien et biologiste passionné par la question a mené durant de nombreuses années des recherches approfondies permettant la comparaison systématique des carnets de Pasteur et de sa biographie « officielle ». Il en ressort un Pasteur paradoxal, terrible de vanité, manipulateur, prêt à tous les mensonges pour alimenter sa légende, tout en demeurant un grand scientifique qui se voue totalement à ses recherches, bon père de famille et chrétien assidu.

Tout au long de sa longue carrière, les domaines d'études sont si nombreux et sa constance dans le plagiat si systématique que, pour illustrer l'imposture de Louis Pasteur, nous nous contenterons d'évoquer quelques cas parmi les plus significatifs.

Une passion maladive pour l'hygiène

Louis Pasteur est fils d'un tanneur. Enfant, il subit une forme de traumatisme lié à l'activité paternelle, dont les odeurs nauséabondes sont propres à dégoûter les âmes les plus sensibles. En effet, les Pasteur habitent en amont d'une boucherie qui leur fournit les peaux de bêtes indispensables à la confection du cuir. Les artisans ne s'embarrassent pas à cette époque : les viscères des animaux sont jetés dans l'eau, exposant un flot continu d'entrailles en décomposition. C'est ce canal putride, qui selon Erik Orsenna, auteur d'une biographie du biologiste, aurait créé chez lui le dégoût du « sale ». Pasteur refuse de serrer les mains et exaspère sa femme en nettoyant systématiquement son verre, son assiette et ses couverts. Il souffre assurément de ce que les psychiatres nomment un trouble obsessionnel compulsif. Et c'est cela qui justifia certainement sa passion pour l'hygiène et orienta ses travaux vers l'étude des microbes et des virus.

La fermentation

Pasteur s'intéresse à la fermentation alcoolique en 1853. Il est l'un des tout premiers à examiner au microscope les produits issus de la fermentation et les germes. Il observe à travers le tube optique de l'appareil les aérobies – capacité d'un organisme à se développer dans l'air ambiant – et les anaérobies – capacité d'un organisme à se développer sans air ou oxygène. Il confirmera que la fermentation est à l'origine de la putréfaction et que les aérobies captent de l'oxygène pour rejeter du gaz carbonique. Tout cela serait magnifique si d'autres n'avaient déjà réalisé les mêmes travaux avant lui… Et notamment Antoine Béchamp, biologiste et ancien doctorant du professeur Pasteur à l'université de Strasbourg.
La fermentation à l'origine de la création d'alcools consiste en une décomposition naturelle des substances organiques. Béchamp va montrer que le ferment agit sur le sucre grâce aux enzymes, pour le transformer en alcool grâce à l'augmentation de la température. Il établit également que les fermentations sont dues à des micro-organismes transportés par l'air. Tout le processus de la fermentation est

ainsi analysé et démontré par Béchamp, qui en fera une communication à l'Académie des sciences en 1860. Pasteur s'inspire des travaux de son ancien élève et dépose une nouvelle publication sur la fermentation à cette même académie en 1862. L'un de ses carnets confirmera qu'il s'est attribué cette découverte sans scrupule. Mais, il ne s'est pas contenté de plagier les travaux de Béchamp. Il les a repris en les retraitant scientifiquement à sa façon, avec ses propres analyses. Il était visionnaire et a fait preuve d'une immense qualité de synthèse. Cependant, dans le cas présent, on lui reprochera son orgueil démesuré qui l'empêcha de partager la paternité de ses travaux, le faisant légitimement entrer dans le club peu enviable des imposteurs plagiaires.

La pasteurisation du vin

Il n'y a aucune progression logique dans la succession des différents sujets d'étude de Pasteur. Ceux-ci sont initiés et financés par les administrations publiques en fonction des grandes questions du moment (qualité du vin, maladie des vers à soie, fermentation) ou des maladies

LES MICROBES SELON PASTEUR

Pasteur se trompa longtemps sur le rôle de ce qu'il nommait les « micro-organismes ». Pour comprendre son erreur, il nous faut rappeler la notion de microbes. Dans les premières années de la biologie moléculaire, on peut les classer en trois grandes familles : les levures, les bactéries et les virus. Partisan de la théorie vitaliste, Pasteur pense que les microbes (« microzymas » inventés par Béchamp, renommés par lui « micro-organismes » et depuis appelés « microbes ») ne sont actifs que s'ils sont vivants. Ce qui l'empêchera d'analyser le principe de la fermentation, car, pour lui, les levures n'agissent que vivantes, alors que c'est l'inverse. Il en sera de même pour le principe d'immunité : il ne comprend pas qu'une bactérie immunise si elle est inactivée. Ou qu'un vaccin peut être efficace en contenant un germe mort. Mais ce n'est pas grave pour la suite de la carrière de Louis Pasteur, car finalement il reprendra les travaux de son ancien élève Béchamp, qui lui a démontré le processus complet de fermentation. Le même scénario de plagiat se reproduira pour l'immunité et les vaccins…

dans l'actualité nationale (charbon, choléra, rage). C'est ainsi que Napoléon III, en 1863, demande à Pasteur, spécialiste de la fermentation et de la putréfaction, de chercher un remède pour les maladies des vins français, qui grèvent lourdement le commerce. Ce problème est rencontré par les producteurs vinicoles lors de l'embouteillage. Le vin se dégrade rapidement, au point de devenir impropre à la consommation. Deux chercheurs ont travaillé précédemment sur ces questions, Nicolas Appert et Alfred de Vergnette.
Nicolas Appert a inventé en 1810 une méthode de conservation des aliments par la chaleur dans des contenants hermétiques et stériles (bouteilles en verre puis boîtes métalliques en fer-blanc). Il a créé la première usine de conserves au monde et donné son nom au procédé d'appertisation. Appert a publié également des travaux sur le chauffage du vin pour améliorer sa conservation, cinquante ans avant Pasteur.

> ***« Il y a plus de philosophie dans une bouteille de vin que dans tous les livres. »*** Louis Pasteur

Alfred de Vergnette a travaillé sur la conservation des vins de Bourgogne, région dont il était originaire. Ces vins se conservent mal et deviennent rapidement amers. En 1850, plus de dix ans avant Pasteur, Vergnette transmet un mémoire à la Société nationale d'agriculture dans lequel il expose en détail son procédé : il chauffe le vin au bain-marie à 70 °C et constate que sa qualité est inaltérée une décennie après la mise en bouteilles. Pasteur fait exactement le même constat, et dépose un mémoire sur le chauffage du vin… en 1860. Accusé par un journaliste du *Moniteur vinicole* d'avoir plagié Vergnette et Appert, Pasteur se défend d'avoir eu connaissance des travaux de Vergnette et feint de ne pas connaître Appert, pourtant célèbre. À bout d'arguments, il va jusqu'à accuser Vergnette d'avoir plagié Appert. Heureusement, ses carnets de notes révéleront la manœuvre… Pasteur n'en reste pas moins un chercheur brillant. Il ne s'est pas contenté de reprendre les travaux d'Appert et de Vergnette. Ils lui ont servi de base pour faire un travail plus complet et académique. L'imposture consiste à taire une nouvelle fois les découvertes précédentes et, pire, à s'en attribuer la totale paternité. Et à déposer un brevet industriel en son nom propre.

Le vaccin contre le charbon

Pasteur ne comprit qu'à la fin de sa vie le principe de l'immunité et des vaccins, malgré la légende populaire qui lui en attribue la paternité. Adepte de la théorie vitaliste, il ne peut imaginer que l'on puisse vacciner avec un germe mort, comme l'établit en revanche Henry Toussaint avec le vaccin contre le charbon. Professeur à l'école vétérinaire de Toulouse, Toussaint a l'idée de chauffer le germe du charbon en y ajoutant un antiseptique, l'acide phénique (phénol), ce qui tue le microbe inoculé, tout en maintenant son pouvoir immunisant. Pasteur soutient la théorie inverse du vaccin basé sur un germe vivant « atténué à l'oxygène ». En 1881, à Pouilly-le-Fort, lors d'une expérience devenue célèbre et dont l'objectif est de démontrer l'efficacité de son vaccin contre la maladie du charbon qui décime alors les cheptels de moutons, il prouve une nouvelle fois son talent d'imposteur. L'expérimentation est la suivante : Pasteur vaccine la moitié d'un troupeau de cinquante moutons, puis inocule à tous la maladie du charbon deux semaines plus tard.

Quelques jours avant la signature du protocole expérimental, Louis Pasteur et Émile Roux, l'un de ses plus proches collaborateurs, se désolent de l'inefficacité de leur vaccin atténué à l'oxygène. À l'invitation d'Émile Roux, le biologiste Charles Chamberland se livre dans le laboratoire de Pasteur à un essai comparatif entre leur sérum et

PASTEUR N'EST PAS L'INVENTEUR DU LAIT PASTEURISÉ !

La technique de chauffage du vin fut également appliquée avec succès à la bière. Elle donna plus tard naissance au mot « pasteurisation ». En revanche, le procédé ne fut appliqué pour le lait qu'en 1886, sur l'idée du chimiste allemand Franz von Soxhlet. Contrairement à la croyance populaire, Pasteur n'est définitivement pas l'inventeur du lait pasteurisé, et à double titre : d'abord, il a breveté la technique pour le vin et la bière, sans jamais envisager la production laitière. En outre, il n'a fait que reprendre le procédé de chauffage à l'origine de la pasteurisation. Peut-on imaginer de nos jours, une liste de courses qui contiendrait « 1 litre de lait vergnettisé » ? Et pourtant, ce ne serait que justice !

celui élaboré par Henry Toussaint et que ce dernier a expérimenté à Toulouse un an plus tôt, avec l'aide de Chamberland. Le résultat est sans appel : le sérum anticharbonneux de Toussaint est le seul à être efficace. Pragmatique, bien qu'il n'ait, pas encore d'explication scientifique du phénomène, Pasteur décide de l'utiliser en secret le jour de l'expérience. Ce fait est historiquement avéré par les déclarations d'Adrien Loir, le neveu et fidèle assistant préparateur de Pasteur, après la mort de son oncle, et par les notes manuscrites laissées à l'Académie des sciences. L'expérience est finalement réussie, les vingt-cinq moutons vaccinés survivent. Tous les autres meurent du charbon. Pasteur n'y est pour rien, mais peu importe. Il ment et clame la réussite de son procédé de vaccination. Mauvais joueur, il met en garde contre celui de Toussaint avec virulence, car il est selon lui très dangereux.

Pasteur célèbre la réussite de son expérience grâce à la méthode concurrente de Toussaint et oblige ses collaborateurs à taire l'inefficacité de leur sérum.

Louis Pasteur devient célèbre dans la France entière. La presse en fait un héros, et cette victoire de l'homme de science marque tellement les esprits qu'elle sera ajoutée aux livres scolaires. Pourtant, son vaccin anticharbonneux est inefficace. Il le modifie en plagiant celui du vétérinaire toulousain. Les biographies récentes de Pasteur évoquent l'affaire en la qualifiant de mystification impardonnable ou d'imposture éhontée. Toute l'œuvre de Louis Pasteur est ainsi. Nous pourrions aborder également la vaccination contre la rage, et comment Pasteur s'appropria les travaux de Pierre Victor Galtier avec un aplomb similaire. De même que pour le charbon et l'expérience de Pouilly-le-Fort, l'histoire retiendra le formidable succès de son vaccin antirabique et les guérisons miraculeuses de l'enfant Joseph Meister et du berger Jean-Baptiste Jupille. Cependant, en dépit de son pragmatisme, Louis Pasteur n'en reste pas moins un personnage historique, qui su faire avancer de nombreux domaines de la biologie. Et l'institut de recherche et la fondation qui portent son nom n'ont pas à rougir de son héritage scientifique, qui continuera à s'inscrire dans l'histoire des sciences. Malgré ses plagiats, il en demeure le promoteur, l'analyste et surtout, le maître d'œuvre.

Les techniques rendues célèbres par Pasteur

LA VACCINATION

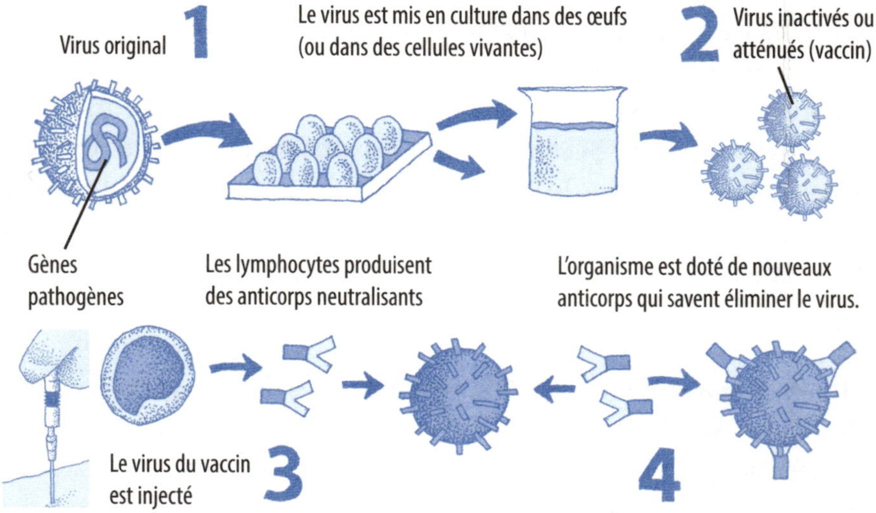

La vaccination consiste à introduire un agent extérieur (le vaccin) dans un organisme vivant afin de créer une réaction immunitaire positive contre une maladie infectieuse. **(1)** De façon traditionnelle, un vaccin est réalisé à partir de virus originaux pathogènes (susceptibles de provoquer une maladie). On les fait se multiplier dans les cellules vivantes telles que des œufs. **(2)** Les virus sont inactivés ou atténués par des produits chimiques ou des rayonnements UV. **(3)** Dans l'organisme, les lymphocytes du système immunitaire produisent de nouveaux anticorps en réaction au virus du vaccin. **(4)** Lorsque le patient sera contaminé par les virus, les nouveaux anticorps le neutraliseront.

LA PASTEURISATION

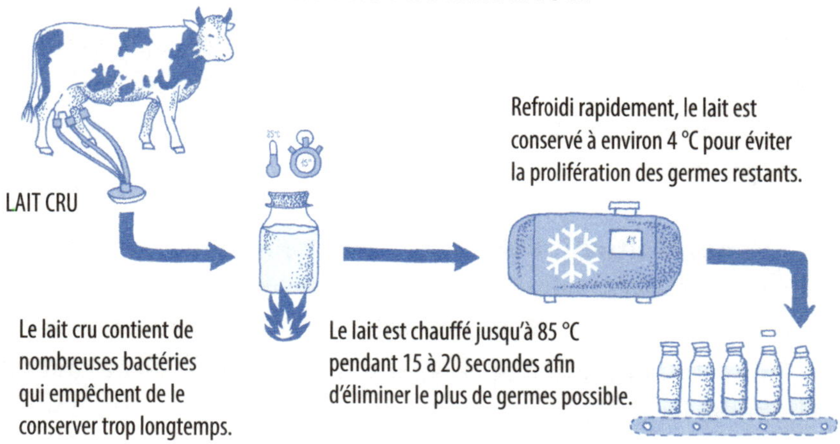

La pasteurisation est un processus de conservation des aliments (ci-dessus le lait) inspiré des expériences de pasteur sur le vin. Une température inférieure à 62 °C est trop basse pour éliminer les micro-organismes, supérieur à 88 °C, le produit est dénaturé. À la différence de la stérilisation, la pasteurisation ne détruit pas tous les germes.

Quelques victimes de Pasteur, oubliées de l'histoire des sciences

Antoine Béchamp (1816-1908) médecin et chimiste français, inventeur des « microzymas », terme précurseur appliqué aux microbes. C'est la principale victime de Pasteur. Il s'est fait déposséder de ses travaux sur la maladie des vers à soie, ainsi que de ses théories bactériennes. En 1900, Béchamp s'était un jour indigné en ces termes : « Je suis le précurseur de Pasteur comme le volé est le précurseur de la fortune du voleur heureux et insolent qui le nargue et le calomnie. » Pasteur sur son lit de mort dira tout de même : « Béchamp avait raison, le microbe n'est rien, le terrain est tout. »

Henry Toussaint (1847-1890), vétérinaire et médecin français. Il se fit déposséder de sa méthode de vaccination contre le charbon et le choléra des poules, notamment par atténuation de la virulence à l'aide d'un antiseptique. Les procédés de Toussaint donnèrent lieu à des accusations ubuesques de plagiat… par Pasteur !

Émile Roux (1853-1933), médecin, bactériologiste et immunologiste français. Il fut l'un des plus proches collaborateurs de Pasteur et fonda avec lui l'institut qui porte son nom. On lui attribue la réalisation de nombreuses expériences de Pasteur, dont notamment le protocole de vaccination contre la rage ou le charbon.

Alfred de Vergnette (1806-1886), inventeur autodidacte. Il s'inspira des travaux d'Appert pour élaborer la technique de chauffage du vin. Il est le précurseur de la pasteurisation, dont le brevet est pourtant déposé par Pasteur.

Pierre Victor Galtier (1846-1908), vétérinaire français. Véritable découvreur du vaccin contre la rage, il l'expérimenta avec succès sur des animaux… avant que Pasteur ne prît connaissance de ses travaux… et qu'Émile Roux permît à ce dernier d'en réussir l'expérimentation sur l'homme. La vérité concernant la paternité du vaccin antirabique fut connue très tôt, même si la légende populaire continua de l'attribuer à Pasteur. Galtier fut même pressenti pour le prix Nobel en 1908. Malheureusement pour lui, cette récompense n'est décernée que du vivant des lauréats, et il mourut juste avant son attribution.

Faut-il destituer Pasteur ?

Ainsi que le souligne l'immunologiste Patrice Debré, auteur d'une biographie remarquée : « Pasteur donne parfois même l'impression de se contenter de vérifier des résultats décrits par d'autres, puis de se les approprier. Cependant, c'est précisément quand il reprend des démonstrations laissées, pour ainsi dire en jachère, qu'il se montre le plus novateur : le propre de son génie, c'est son esprit de synthèse. » Et André Pichot, historien des sciences au CNRS d'ajouter : « Ses travaux ont toujours consisté à mettre de l'ordre, à quelque niveau que ce soit. Ils comportent assez peu d'éléments originaux, mais le plus souvent, ils partent d'une situation très confuse, et le génie de Pasteur a toujours été de trouver, dans cette confusion initiale, un fil conducteur qu'il a suivi avec constance, patience et application. »

« Il ne suffit pas de connaître la vérité, il faut encore la proclamer. »
Louis Pasteur

Il serait certainement erroné de voir en Pasteur un simple cancre qui copie par-dessus l'épaule de son voisin de table. Pasteur est un grand chercheur en quête insatiable de reconnaissance – et que l'orgueil pousse à assimiler volontairement les travaux qui le précèdent en omettant avec détermination les découvreurs. Mais ce qui l'anime reste tout de même l'intérêt général, le goût de l'érudition et la volonté de faire avancer la science, rendant ainsi son portrait plus subtil que celui d'un simple « imposteur-plagieur ». Il demeure un personnage essentiel de l'histoire des sciences par-delà ses malhonnêtetés. À charge pour l'historien de réhabiliter les scientifiques dont il aura causé injustement l'oubli. La révélation post-mortem de ses carnets de notes justifie cette démarche déjà engagée par Pasteur lui-même.

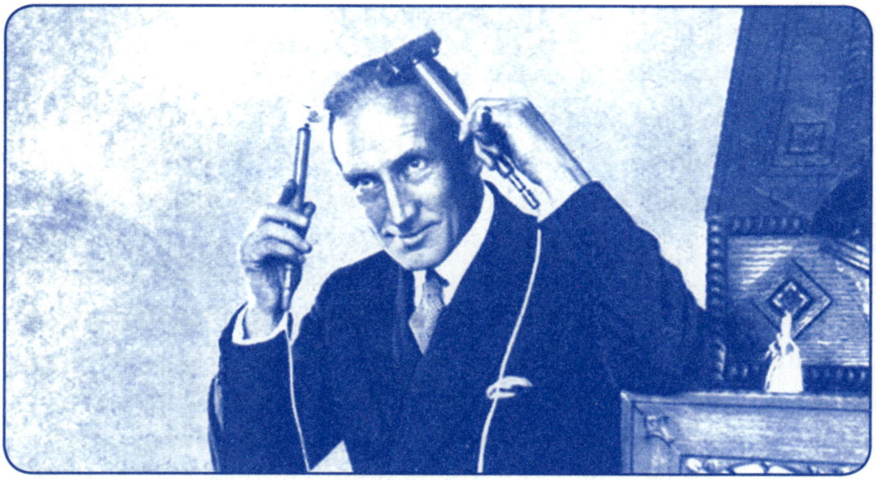

Le Rejuvenator d'Otto Overbeck

TYPE D'IMPOSTURE La mystification

DOMAINE SCIENTIFIQUE L'électrothérapie

OÙ ? Au Royaume-Uni

QUAND ? En 1925

CROYANCE L'éternelle jeunesse est possible grâce à la science omnipotente

PERSONNAGE PRINCIPAL Otto Overbeck (chimiste britannique)

Un chimiste en fin de carrière invente et commercialise un appareil miraculeux d'électrothérapie permettant de soigner de nombreuses affections et de rajeunir.

Le phénomène du vieillissement, bien qu'inéluctable, est souvent perçu comme une pathologie dont on peut ralentir l'évolution morbide. De nombreuses impostures médicales prennent leur source dans le refus de cette déconvenue que nous impose la nature, profitant de l'espoir offert par le progrès scientifique qui nous promet d'en limiter les effets. La quête de l'éternelle jeunesse alimente ainsi la littérature médicale depuis toujours. Que d'élixirs ou de méthodes ont été inventés au nom de cette promesse ! La fin du XIXe et le début du XXe siècle, période durant laquelle se déroule notre histoire, en concentrent une quantité surprenante.

Nous sommes en 1925, à Grimsby, sur la côte est de l'Angleterre. Un chimiste industriel – alors employé d'une brasserie – publie un livre inattendu intitulé *Une nouvelle théorie électrique de la vie*. Il y démontre que l'une des propriétés fondatrices de la biologie organique, et donc du corps humain est, selon lui, l'échange d'électricité à travers les différentes parties du corps. Grâce à l'électricité, on peut rééquilibrer le fonctionnement physiologique du corps et ainsi se soigner… et rajeunir.

L'ouvrage comprend des explications savantes empruntées à de nombreuses disciplines, dont la physique, la chimie, la physiologie, l'anatomie, la neurologie et la biologie cellulaire. Ces références étayent sa démonstration et justifient scientifiquement une théorie particulièrement révolutionnaire. L'objectif avoué du chimiste britannique est d'établir le potentiel médical extraordinaire que pourrait offrir un appareil d'électrothérapie. Il en pose le principe et décrit son dispositif par des schémas à la façon d'un Léonard de Vinci, expliquant dans ses carnets de notes les secrets du parachute ou de l'hélicoptère. Il baptise cet appareil miraculeux l'« Overbeck Juvenator » (*juvenator* signifiant « jouvençe » en anglais). L'auteur de ce texte fascinant et l'inventeur de la cure de jouvence basée sur l'électrothérapie se nomme Otto Overbeck.

Grâce à l'électricité, on pourrait rééquilibrer le fonctionnement physiologique du corps et ainsi se soigner... et rajeunir.

Otto Overbeck et la quête de jouvence

En 1919, quelques années avant la parution de son livre, Overbeck commence à souffrir de problèmes de santé. Il est devenu, dit-il, « un vieil homme », avec un cœur défaillant et une insuffisance rénale chronique. Sa motivation pour trouver une méthode de rajeunissement est alors très personnelle. Le chimiste étudie les différents procédés médicaux en vogue, dont l'électrothérapie.

Il ne reste malheureusement aucune trace des travaux de recherche réalisés par Overbeck entre 1919 et 1924. L'aventure du Rejuvenator débute soudainement un jour de mai 1924, lorsqu'une demande d'enregistrement pour un « peigne électrique » est transmise à l'Office britannique des brevets. Ce n'est qu'un an après l'homologation

Overbeck, le chimiste qui ne veut pas vieillir

Otto Ludwig Overbeck est né à Londres le 10 mai 1860, d'un père italien, dont il conserva toute sa vie la nationalité. Il étudie la chimie à l'University College de Londres, avant d'entamer une longue carrière industrielle chez un brasseur de bière. Overbeck y développe et brevette un certain nombre de dispositifs, notamment sur les processus de production de bière sans alcool. Il vient d'avoir cinquante ans, en 1910, lorsque sa santé devient soudain fragile. Son médecin lui recommande d'établir un testament. Il décide alors d'inventer un système inédit afin de rajeunir.

Présentation du Rejuvenator

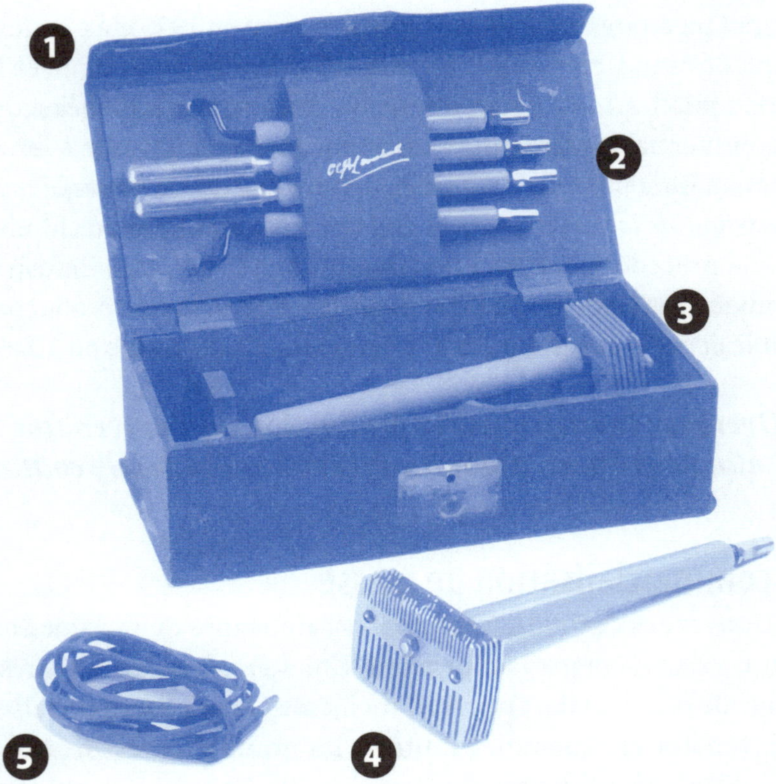

L'Overbeck Rejuvenator est un dispositif de traitement médical par ondes électriques. Il est vendu dans un coffret en cuir de seulement 30 cm de large et 15 cm de hauteur **(1)**. Le couvercle du coffret contient quatre électrodes **(2)**. Au-dessous, une paire de peignes métalliques **(3 et 4)** destinés à combattre la chute des cheveux et à « soigner » le cerveau. Un peigne long et un peigne court, selon la zone à masser, permettent de coiffer le cuir chevelu en restant collé à la surface du crâne. Sous le plateau présentant les peignes (élément non visible ici), le boîtier contient une batterie avec trois boutons permettant de choisir la puissance : 4,5 ou 12,5 volts. Les peignes sont reliés à la batterie par un câble **(5)**. En plus des peignes, les électrodes permettent de soigner les affections et les douleurs locales, une fois placés contre la zone à traiter.

de son matériel, qu'il rédige une théorie scientifique pour défendre les caractéristiques ainsi que le potentiel de cette nouvelle approche thérapeutique.

On aurait pu croire que le livre d'Overbeck paru en 1925 était un texte sincère, destiné à convaincre les scientifiques de son époque et les pouvoirs publics… s'il n'était intervenu dans un contexte beaucoup plus commercial, « marketing » dirait-on aujourd'hui, suite à l'enregistrement de son brevet. La qualité et l'étendue d'*Une nouvelle théorie électrique de la vie* témoignent de l'immense ambition du chimiste pour son procédé. Dès l'obtention du brevet, il confie à un industriel britannique connu de son époque, la société Ediswan, une production à grande échelle. Les premiers appareils sortent de l'usine en 1926.

Overbeck industrialise la production du Rejuvenator afin de créer un produit concurrentiel, à faible coût.

Une commercialisation de masse

Pour trouver ses clients, d'importantes campagnes de réclame sont organisées dans la presse, au Royaume-Uni d'abord, puis dans le reste de l'Europe occidentale. Overbeck ira même jusqu'à commercialiser le Rejuvenator en Australie ! Il utilise les nombreux ressorts de la vente à distance, avec un modernisme intuitif. Chaque réclame comporte un bon de commande en pied de page. Les arguments présentant le Rejuvenator sont particulièrement convaincants : l'appareil offre une véritable cure de jouvence ; il traite un large éventail d'affections sans avoir besoin de consulter un médecin.

Pour crédibiliser son produit et rassurer ses futurs clients, Overbeck ne se présente pas comme un inventeur ni comme un médecin mais comme un grand scientifique. De nombreux témoignages de clients satisfaits sont rapportés, illustrant par la même occasion la longue liste des effets thérapeutiques. Il va jusqu'à mettre en avant le soutien de médecins connus et ajoute leurs avis dithyrambiques. Enfin, le procédé de rajeunissement est breveté dans le monde entier, gage inébranlable de sérieux. Bien évidemment, tout cela est totalement faux… ou presque. Comme nous le révélera l'épilogue de cette étonnante imposture.

Un produit marketing avant-gardiste

Contrairement aux traitements hormonaux, aux greffes et autres méthodes miraculeuses de l'époque, l'innovation géniale du Rejuvenator n'est pas tant scientifique que marketing. En effet, c'est le premier appareil de traitement dont le soin est « autodélivré ». Les patients n'ont pas besoin de prescription. Dès qu'ils achètent l'appareil, avec un simple manuel d'utilisation, ils se soignent eux-mêmes ! Les autres procédés de rajeunissement connus à l'époque sont fondés sur la médecine hormonale pour les hommes. Le Rejuvenator est le premier dispositif mixte. Les professionnels de la vente à distance savent aujourd'hui ce qu'Overbeck pressentait : le public féminin est la première cible commerciale à atteindre, a fortiori lorsqu'il s'agit de combattre le vieillissement.

Au lendemain de la Première Guerre mondiale, de nombreuses pathologies restent impossibles à soigner. Le grand public se tourne volontiers vers une nouvelle forme de médecine alternative. En prenant les accents de la médecine traditionnelle, en usurpant sa crédibilité et la caution de médecins « établis », Overbeck exploite un sentiment qui commence à se répandre : d'autres façons de pratiquer la médecine sont désormais possibles, en complément des traitements classiques.

Loin de viser la haute bourgeoisie, en lançant une production industrielle de masse, Overbeck parvient à atteindre les classes moyennes, qui offrent un potentiel commercial beaucoup plus étendu.

Enfin, cette période de l'entre-deux-guerres est celle de la banalisation de la fée électricité dans les foyers. L'électricité est synonyme de progrès technologique et social. Quoi de plus logique que d'en tirer parti pour son corps également ?

L'OFFRE COMMERCIALE

Le modèle standard du Rejuvenator est proposé pour 6,3 pounds (environ 400 €). Selon le principe commercial de la vente liée, la batterie, conçue spécialement, est vendue à part. Et pour appliquer le soin, il faut se laver avec un savon spécial fourni séparément par Overbeck.

L'innovation géniale du Rejuvenator n'est pas tant scientifique que marketing.

Une fin inattendue !

Devant les plaintes de médecins et de patients, la British Medical Association (association professionnelle des médecins en Grande-Bretagne) finit par se saisir du dossier du Rejuvenator en 1927. Elle achète un coffret et fait pratiquer des tests par des ingénieurs et des médecins. Leur rapport souligne l'innocuité de l'appareil. Il délivre un courant de trop faible portée pour avoir le moindre effet néfaste. On s'inquiète de l'usage d'électrodes sur une peau mouillée sans s'interroger sur la véritable efficacité de l'engin.

Otto Overbeck n'est pas médecin, et ne prétend pas l'être. De plus, en tant que résident étranger, il n'est pas soumis à la réglementation locale sur l'exercice de la médecine. Finalement, on lui demande poliment de ne plus se prévaloir faussement du soutien de médecins. Le voilà libre de continuer sa « petite entreprise » !

À sa mort, en 1937, il lègue ses biens au royaume d'Angleterre, à l'exception de son entreprise florissante, cédée à deux de ses employés, qui la feront prospérer jusqu'à la Seconde Guerre mondiale.

L'un de ces héritiers recevra même une ultime commande pour changer la batterie du Rejuvenator en 1955 ! Il se fera un point d'honneur à répondre à cette demande en mémoire du génial Otto Overbeck.

Fin de l'histoire ? Certainement pas. En octobre 2014, James Stark, un historien de la médecine de l'université de Leeds, en Angleterre, publie dans la revue *Nature* un article qui réhabilite Otto Overbeck et son Rejuvenator dans l'histoire des sciences. Il le présente comme un escroc à l'intuition géniale. Son appareil n'était pas dangereux. Et il apportait assurément de réels bénéfices physiologiques, dans la mesure où ses clients ressentaient un mieux-être. Il mérite le titre de premier dispositif médical d'électrothérapie utilisé à grande échelle. L'imposteur Otto Overbeck se retrouve d'une certaine façon « réhabilité », malgré la malhonnêteté de ses méthodes commerciales.

POUR ALLER PLUS LOIN

Le rajeunissement, un phénomène à la mode au début du XXe siècle

Lorsque le livre d'Otto Overbeck est publié, nombre de méthodes de rajeunissement ont déjà le vent en poupe. Les plus populaires sont fondées sur la greffe de glandes sexuelles et la médecine hormonale… pour les hommes uniquement !
Les principaux représentants de ces techniques de rajeunissement sont alors le physiologiste autrichien Eugen Steinach (1861-1944), et le chirurgien russe Serge Voronoff (1866 à 1951). Leurs travaux s'inscrivent dans la continuité des recherches de Charles-Édouard Brown-Séquard. Ce médecin français du XIXe siècle a publié de nombreux articles sur l'injection d'hormones sexuelles d'origine animale chez l'homme. Il prétendait qu'elles avaient « le pouvoir d'augmenter la force vitale de nombreuses parties de l'organisme humain ». Ce qui se vérifiait partiellement, bien que l'absence d'expériences avec les moyens d'études actuels, nous empêche d'en comprendre le mécanisme précis.
Eugen Steinach a donné son nom à une forme de vasectomie, opération chirurgicale visant à stériliser les hommes. Sa méthode consistait à sectionner les glandes sexuelles afin de supprimer la dépense énergétique que leur réserve l'organisme pour garantir la production de sperme – et reporter le surplus d'énergie ainsi libéré sur la production d'hormones sexuelles. Le résultat étant un regain de vigueur corporelle.
Voronoff, quant à lui, a développé plus avant la méthode expérimentale de Brown-Séquard en injectant du tissu glandulaire de singes dans les testicules de l'homme, avec le même objectif que Steinach : stimuler la production des hormones sexuelles.
Les travaux de Brown-Séquard, de Steinach et de Voronoff ont connu un retentissement international et ont fait l'objet de nombreux articles dans la presse populaire à travers le monde. À la même époque, dans les années 1920, un chercheur français, Jean Frumusan, publie plusieurs études affirmant que les méthodes de Steinach et de Voronoff pourraient être utilisées pour traiter de nombreuses affections, dont l'obésité et le processus de vieillissement. Ce même Frumusan s'intéresse également à l'électrothérapie, qu'il popularise dans les revues médicales et présente comme une prochaine révolution scientifique. En quête de méthodes avant-gardistes de rajeunissement, Otto Overbeck s'inspire de Frumusan.

La réalité scientifique de l'électrothérapie

Aujourd'hui, une méthode similaire, la stimulation transcrânienne à courant continu (TDCs), suscite de grands espoirs en psychiatrie. De faibles courants électriques peuvent ainsi être utilisés à des fins thérapeutiques. L'équipe de Colleen Loo, professeur de psychiatrie à l'université australienne de Nouvelle-Galles du Sud, a testé la TDCs sur des sujets dépressifs, pour lesquels les médicaments n'ont plus aucun effet. Un courant de 1 ou 2 milliampères, provoquant un léger picotement ou une démangeaison, a été émis sur le cuir chevelu à l'avant du cerveau. Les effets de l'électrothérapie sur la dépression ont ainsi pu être démontrés scientifiquement !

La stimulation transcrânienne à courant continu, méthode similaire au Rejuvenator, suscite de grands espoirs.

Cependant, la façon dont agit cette technique n'est pas encore claire. Il se pourrait que le courant atténue ou amplifie l'activité cérébrale, en modifiant la charge électrique de la membrane des cellules nerveuses. Un effet à long terme pourrait permettre des changements de production protéique synapses, à l'interface entre les neurones. Pour les médecins, cela donnerait la possibilité d'inverser certains modes de fonctionnement du cerveau liés à la dépression.

En France, des programmes de recherche sur la TDCs ont débuté en 2009, notamment avec l'équipe d'Emmanuel Poulet, chercheur à l'université Claude-Bernard-Lyon 1, qui teste son efficacité sur les hallucinations auditives des personnes souffrant de schizophrénie. D'autres équipes étudient actuellement le potentiel de la méthode appliquée à la migraine, à la démence, à la schizophrénie, aux douleurs chroniques ou encore au trouble du déficit de l'attention. Leurs contributions sont cruciales avant d'envisager de faire de la TDCs une thérapie à grande échelle. Et de rendre indirectement hommage à Otto Overbeck…

La TDCs - Comment ça marche ?

La cathode, (électrode chargée en électricité négative) peut inhiber l'activité neuronale.

L'anode, (électrode chargée en électricité positive) peut stimuler l'activité neuronale.

Une fois le courant établi, les électrodes constituent un circuit électrique complet qui traverse la boîte crânienne.

Le procédé TDCs est doté d'un variateur électrique et délivre un courant constant jusqu'à 4mA (milliampères). Les chercheurs ont démontré que la TDCs n'est pas dangereuse si l'on ne dépasse pas 30 minutes par jour.

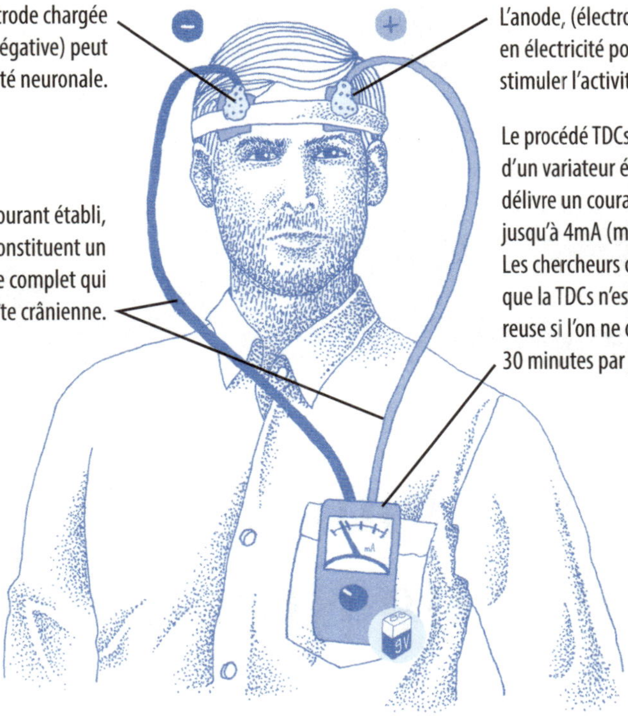

Que peut-on soigner ?

L'usage du TDCs avec un réglage entre 2 et 4 milliampères pendant 20 minutes permettrait certains bénéfices cérébraux selon le placement de l'anode et de la cathode.

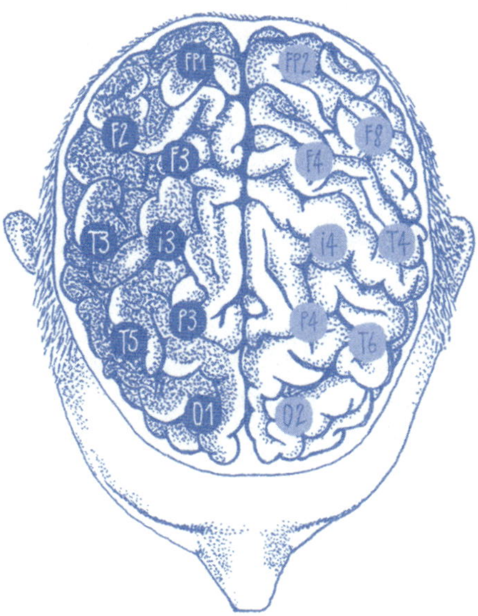

FP1- I4+
Améliorerait la mémoire de travail et la fluidité verbale

FP1- FP2+
Soulagerait les douleurs chroniques

F3- FP2+
Permettrait d'agir sur certaines formes de dépression

T3- T4+
Améliorerait la concentration de façon ponctuelle

- F Lobe frontal
- FP Cortex préfrontal
- T Lobe temporal
- I Insula (cortex insulaire)
- P Lobe pariétal
- O Love occipital

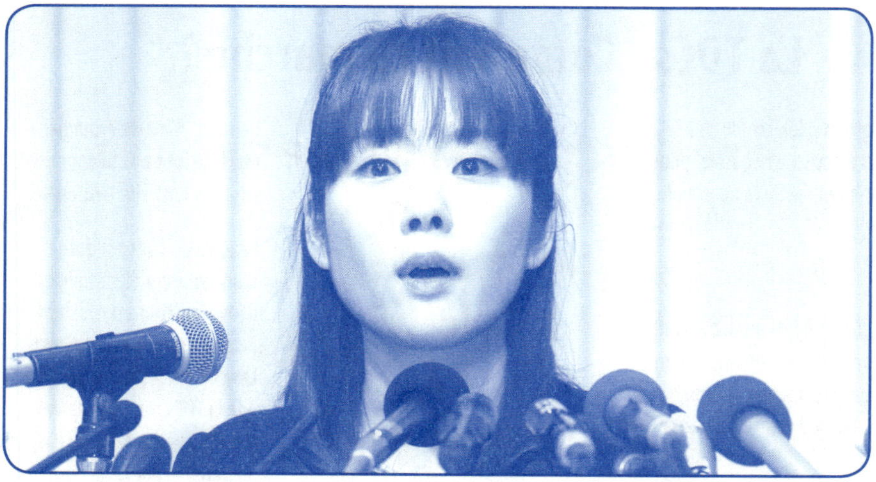

Haruko Obokata, un rêve de Nobel

TYPE D'IMPOSTURE Le mensonge

DOMAINE SCIENTIFIQUE La médecine régénérative

OÙ ? Au Japon

QUAND ? En 2014

CROYANCE On peut recréer avec facilité des cellules embryonnaires pour tout réparer dans le corps

PERSONNAGES PRINCIPAUX Haruko Obokata (jeune chercheuse), professeur Yoshiki Sasai (chercheur expérimenté), professeur Ryoji Noyori (prix Nobel de chimie 2001 et directeur de l'institut de recherche Niken)

Une jeune chercheuse japonaise surdouée parvient à faire croire au monde entier qu'elle sait comment recréer n'importe quelle cellule…

La louange est le commencement du blâme », énonce un proverbe venu du Japon ancien. Cet aphorisme résume avec force l'histoire de cette imposture qui se déroule dans le Japon d'aujourd'hui. Le parcours de ses protagonistes se trouve à l'intersection d'une culture traditionnelle moraliste et du bouleversement nécessaire des codes établis. La volonté de changer les codes sociaux s'exprime ici avec autant de violence que celle de respecter les traditions.

La place offerte aux femmes dans le Japon du XXe siècle est victime de cette contradiction sociale. Face à la mondialisation et à la crise économique, les Japonais éprouvent un besoin irrépressible de changement, et notamment de porter les Japonaises vers d'autres destinées, précédemment réservées aux hommes. Pour parvenir à vaincre le sexisme ancestral, une politique de discrimination positive est mise en place et poussée à l'extrême.

L'enjeu est aussi largement économique, puisque le fait de combler le déficit de femmes actives serait selon les économistes l'un des moyens les plus efficaces pour permettre au Japon de renouer avec la croissance, dans le contexte de crise sévère que connaît le pays depuis une décennie. L'État fait donc tout pour promouvoir la place des femmes dans la plupart des grands domaines de la société (*cf. infra* p. 94). C'est dans ce contexte qu'évolue, au début des années 2000, la jeune Haruko Obokata.

Une volonté farouche de réussir

Nous sommes en 2006, Haruko Obokata est une jeune étudiante aussi séduisante que studieuse. Elle choisit d'étudier la chimie au moment où le Japon est à la pointe de la recherche dans ce domaine. Le chercheur de l'université de Kyoto Shinya Yamanaka, fait alors les gros titres de la presse. Il a réussi à reprogrammer chez des souris des cellules adultes en cellules pluripotentes baptisées « iPS » en leur injectant un cocktail de gènes. Un an plus tard, en 2007, l'expérience est menée avec succès sur l'homme. Yamanaka reçoit en 2012 le prix Nobel de médecine (*cf. infra* p. 94-95).

La carrière précoce d'Obokata est le fruit d'une politique publique visant à féminiser les effectifs des instituts de recherches.

Haruko Obokata s'engage dans la recherche avec la volonté farouche de réussir. Et la prépondérance masculine n'est pas un handicap, au contraire. Pendant toute sa formation d'excellence, la jeune chercheuse va bénéficier de cette évolution discriminatoire de la société qui féminise ses élites à tout-va. Ainsi, lorsqu'en 2008 elle sort diplômée d'un master de l'université Waseda dans le département de chimie appliquée, elle obtient sans grande difficulté une bourse et une recommandation pour partir étudier dans la prestigieuse Harvard Medical School afin d'y poursuivre une thèse de doctorat.
La jeune femme souhaite marcher dans les pas du généticien Shinya Yamanaka en travaillant sur le secteur porteur des cellules souches et de la médecine régénérative. Sa thèse porte déjà sur la transformation des cellules embryonnaires.
Les Américains ne garderont pas la jeune chercheuse. Elle rentre au Japon pour finir sa thèse avec l'assurance que, chez elle au moins, son

LA MÉDECINE RÉGÉNÉRATIVE

L'idée fondatrice de la médecine régénérative est d'exploiter le pouvoir de transformation des cellules souches à l'origine de la gestation de l'ensemble de notre organisme, afin de s'en resservir artificiellement. Pour cela, il est nécessaire de développer des méthodes permettant de contrôler cette transformation, de cultiver des cellules « neuves » et de les implanter dans le corps pour remplacer les cellules « défectueuses ».

Riken, le Harvard nippon

Le prestigieux institut de recherche Riken est situé à Kobe, au centre de l'archipel japonais. Il est connu dans le monde entier pour ses travaux dans de nombreuses disciplines des sciences fondamentales, notamment en génétique et en biologie. C'est également ici qu'a été conçu l'ordinateur K, devenu en 2011 le calculateur le plus puissant de la planète. Plus de cinq prix Nobel sont issus de Riken. La notoriété de l'institut a certainement contribué à convaincre la prestigieuse revue *Nature* de la crédibilité de la méthode STAP élaborée par Obokata.

ambition sera soutenue. À peine sa soutenance effectuée en 2011, la voilà promue par ses anciens professeurs, et intégrée dès le mois suivant la fin de ses études au prestigieux institut de recherche Riken. Elle n'a que vingt-sept ans. Ryoji Noyori, prix Nobel de chimie 2001 et directeur de Riken, accueille avec bienveillance Haruko. Celle-ci rencontre souvent le vieil homme, dont le parcours académique impressionne. En s'y prenant bien, un jour peut-être, elle sera son alter ego. Deux ans plus tard, nommée à la tête du centre de biologie du développement, elle devient la plus jeune directrice de recherche de l'histoire de l'institut.

Le terme d'ascension fulgurante n'est vraiment pas usurpé lorsqu'il s'agit de décrire la réussite précoce de la jeune Japonaise. Étant dans un domaine scientifique révolutionnaire, elle sait que ses chances de faire une découverte importante et de marquer les esprits sont réelles. Sur le modèle de Yamanaka et de sa méthode iPS, elle doit trouver une technique inédite de différenciation des cellules. Un procédé nouveau pour transformer des cellules souches adultes en cellules pluripotentes. Elle est au bon endroit, au bon moment, avec les moyens qu'il faut.

Un soutien indispensable

Obokata rencontre à Riken le professeur Yoshiki Sasai, un généticien de renom qui mène des recherches proches de celle de Yamanaka, mais avec moins de réussite. Elle trouve chez Sasai un soutien supplémen-

Obokata, la jeune prodige

Haruko Obokata est née à Matsudo, le 29 juin 1983. Elle est fille unique, et ses parents, comme souvent dans la bourgeoisie japonaise, la poussent à faire des études brillantes. Elle devient chercheuse en biologie. Bénéficiant de la politique gouvernementale qui favorise l'attribution des postes de chercheurs aux femmes, elle est nommée à vingt-neuf ans directrice de recherche. Six mois plus tard, elle montera l'imposture des cellules STAP sur la base d'un mensonge qu'elle n'aura su dénouer à temps.

taire qui pourrait lui être très précieux : l'expérience de l'institution scientifique qui lui fait défaut et la caution d'un chercheur émérite. Encore faut-il le convaincre de l'aider en prenant part à ses travaux. En tant que directrice de recherche, elle est désormais autorisée à mener ses propres sujets d'étude. Elle peut aussi choisir et appliquer elle-même les méthodologies expérimentales. Sans rendre de comptes ! Elle se consacre entièrement à son travail, en toute sincérité. Au hasard de ses manipulations, elle trempe des globules blancs dans une solution acide et les fait passer dans une centrifugeuse. Et soudain, après un séjour rapide dans un bain de culture, les cellules se transforment. Ce que lui montre son microscope électronique est troublant. On dirait des cellules embryonnaires. Si seulement… De l'espoir désabusé à l'imposture, il n'y a qu'un pas… et elle le franchit.

Nous sommes en septembre 2013, moins de six mois après sa prise de fonction. Obokata parle avec le professeur Sasai de sa volonté de trouver une nouvelle méthode alternative à l'iPS, qu'elle estime trop compliquée et hasardeuse. Sasai est un concurrent malheureux de Yamanaka, a fortiori depuis que ce dernier a obtenu le prix Nobel. La jeune Japonaise vise juste. Elle reçoit toute l'attention du professeur. Portée par sa volonté de convaincre, elle lui confie qu'elle a déjà réussi les premières expérimentations et qu'elle souhaite partager sa réussite avec lui, pour peu qu'il l'aide à rédiger un article présentant sa technique, qu'elle a baptisée « Stimulus-Triggered Acquisition of Pluripotency (STAP) ». Yoshiki Sasai finit par la croire et lui apporte son aide. Ryoji Noyori, le directeur de Riken, et les cadres de l'institut sont informés dans les jours suivants. L'enthousiasme est immense. Obokata ne peut plus reculer, son mensonge vient de lui échapper.

L'imposture en action

Obokata fournit à Sasai la description et l'analyse d'expériences fictives. Celui-ci lui conseille de séparer l'étude en deux publications distinctes : la méthode et ses applications. Elle retouche les visuels de cellules pour leur donner l'apparence souhaitée. Dans sa précipitation, elle reprend même une photo déjà utilisée dans sa thèse. Elle associe toute l'équipe du département de reprogrammation cellulaire à la découverte, en la nommant coauteure. Elle invite également son ancien directeur de l'école de médecine d'Harvard, Charles Vacanti. En réalité, les cosignataires n'ont pas fait le moindre travail d'analyse, mais c'est une pratique courante dans les laboratoires du monde entier : afin de remplir les objectifs individuels de publication imposés par les administrations, les chercheurs « s'invitent » volontiers par des contreseings amicaux dans des contributions externes relevant de leur spécialité. Avec autant d'auteurs sérieux, la crédibilité scientifique des travaux d'Obokata est à présent optimale, les textes peuvent affronter un comité de lecture en toute sérénité…

De son côté, Sasai démarche l'éditeur de la revue *Nature* pour lui annoncer l'envoi d'un projet d'article concernant une toute nouvelle méthode de création de cellules souches, encore plus incroyable qu'iPS. Nous sommes en novembre 2013. Une telle découverte, transmise par un chercheur concurrent de Yamanaka, dans les laboratoires de Riken… le comité scientifique se laisse convaincre, valide les textes et lance le processus de publication. L'imposture a réussi !

Le 29 janvier 2014, *Nature* publie le même jour deux articles signés d'Obokata révélant l'étonnant procédé STAP qui permet de créer des cellules souches indifférenciées avec facilité. Alors que ces cellules doivent normalement être prélevées dans des conditions impossibles à réunir (fœtus) ou être obtenues par une ingénierie génétique complexe et incertaine (iPS), les cellules STAP, quant à elles, sont créées sans effort, à partir de n'importe quelle cellule adulte. Les perspectives médicales sont étourdissantes. Elles pourraient aider à soigner un grand nombre de maladies et notamment permettre de régénérer des organes abîmés à courte échéance.

L'imposture de la méthode STAP

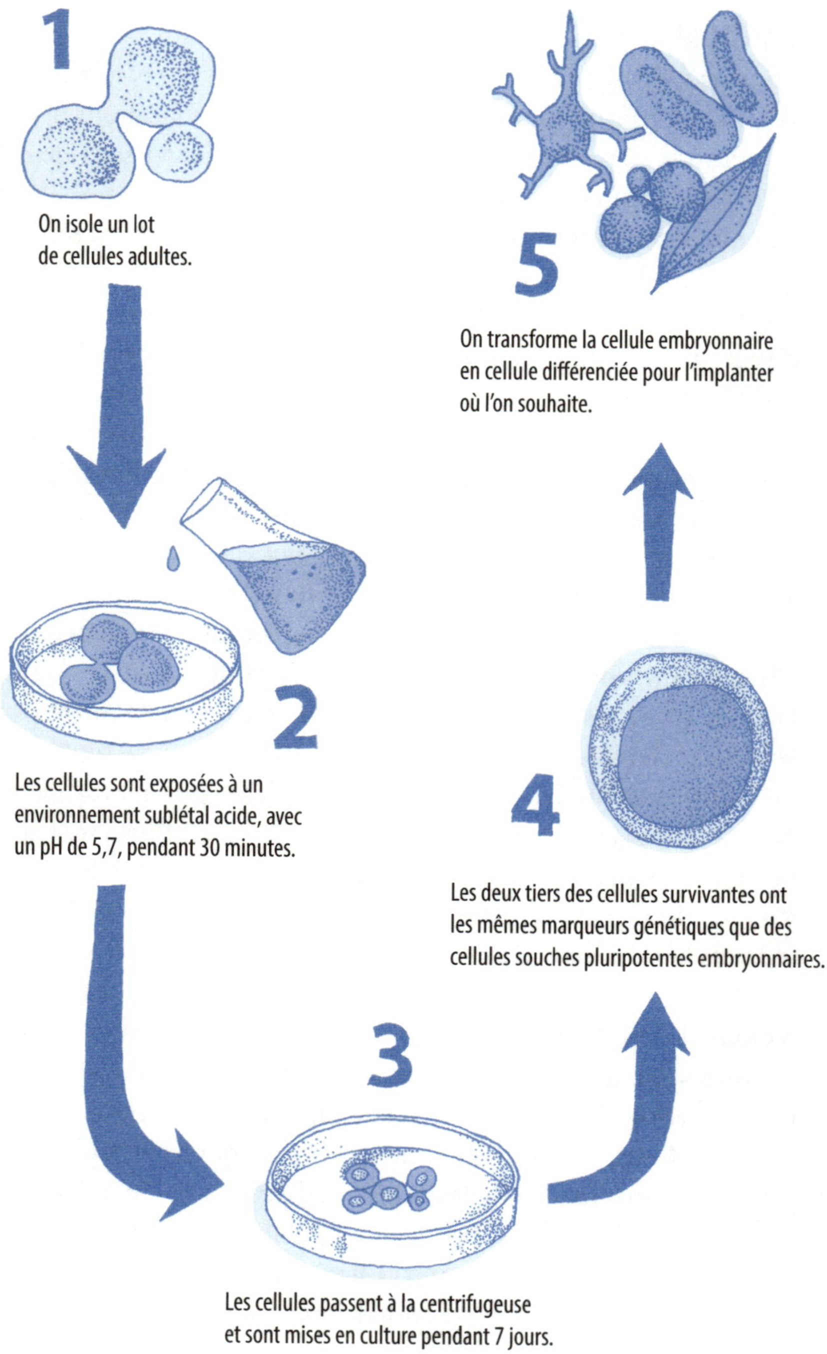

LA CRÉATION DES CELLULES STAP

Pour obtenir les cellules pluripotentes STAP, il suffit, selon Obokata, de tremper des cellules différenciées, comme des globules blancs de souris, par exemple, dans une solution acide, de les passer à la centrifugeuse, puis de les faire séjourner dans un bain de culture. Grâce à cette recette digne de travaux pratiques d'écoliers, la jeune femme serait ainsi parvenue très rapidement à créer des cellules quasi embryonnaires sans aucune manipulation génétique.

L'ampleur de la découverte ainsi que la jeunesse et la beauté d'Obokata lui apportent une renommée immédiate. Ayant soif de réussite au féminin, les journaux japonais la portent au pinacle. La presse internationale salue la jeune prodige de la biologie.

Des premiers doutes à la révélation de l'imposture

Les médias s'interrogent : Obokata va-t-elle devenir le plus jeune prix Nobel de tous les temps ? Et parce qu'elle est une femme dans la fleur de l'âge, les journalistes s'intéressent aussi à la manière dont elle a décoré son laboratoire (elle l'a peint en rose et jaune, et a affiché des caricatures humoristiques sur les murs), à sa tenue de travail (non pas une blouse de chercheur, mais un tablier de cuisine – un *kappogi* – que sa grand-mère lui avait offert) et à sa vie quotidienne (Fed, sa tortue de compagnie, prend des bains, fait les courses avec elle et l'accompagne en rendez-vous).

La réussite d'Obokata sera de courte durée. Dans les jours qui suivent ses deux publications dans *Nature*, des allégations inquiétantes apparaissent dans les blogs scientifiques et sur Twitter : certaines images semblent falsifiées, et des morceaux de son texte ont été recopiés sur d'autres articles déjà publiés. Nous sommes le 13 février 2014, son imposture lui aura laissé deux semaines de gloire, pas un jour de plus.
En effet, certains blogs tenus par des chercheurs ont pour objet la traque des irrégularités contenues dans les publications scientifiques. Un an avant, en février 2013, ils ont révélé le scandale du Diovan, un médicament contre l'hypertension artérielle dont les études ont été

truquées, une affaire de santé publique outre-Atlantique dont l'ampleur est proche de celle du Mediator en France.

Les réseaux sociaux de chercheurs permettent de dévoiler l'imposture moins de 15 jours après sa publication !

Ces chasseurs d'impostures remarquent que deux photos illustrent du placenta de souris dans des conditions différentes, alors que les visuels sont identiques. Teruhiko Wakayama, l'un des nombreux signataires de la publication, prend la parole au nom des autres coauteurs et admet une « simple erreur » ayant entraîné cette confusion. « Nous avons utilisé deux coupes d'une même souris, prises sous des angles différents, déclare-t-il le 18 février à l'*Asahi Shimbun* [l'un des principaux quotidiens japonais], la seconde photo est sans rapport avec le texte final. Nous avons oublié de la supprimer ; la charge de travail d'Obokata était extrêmement lourde, elle a dû procéder elle-même à des tests supplémentaires, tout en préparant simultanément les résultats de l'étude, telle est la raison de cette erreur. » Fin de l'histoire ? Sûrement pas !
Chaque jour voit une nouvelle irrégularité apparaître : on relève une autre photo trafiquée dans le second article de *Nature*. Et le surlendemain, on annonce qu'un document publié par Obokata en 2011, lorsqu'elle étudiait à Harvard, contient des visuels similaires. Au final, sa propre thèse de doctorat, soutenue la même année, utilise encore une fois ces photos… Haruko Obokata est démasquée !

L'expérience non reproductible

Pour tester la méthode STAP incriminée, dix chercheurs influents spécialisés en cellules souches répondent à un questionnaire adressé par *Nature*, mais aucun ne parvient à reproduire l'expérience. Un blog sollicitant des commentaires de scientifiques dans le domaine rapporte de son côté huit échecs. D'autres choisissent de défendre la jeune Japonaise. Ils expliquent que la plupart de ces essais n'ont pas employé les mêmes types de cellules qu'Obokata. Trouver le bon niveau d'acidité s'avère délicat, et il suffit de peu pour tuer les cellules.
Le directeur de l'école de médecine d'Harvard, Charles Vacanti, qui se retrouve coauteur malheureux de la publication sans avoir participé à

LE 29 JANVIER, UN JOUR QUI PORTE LA POISSE !

Dans la culture japonaise, le 29 janvier est un moment spécifique, c'est le *Butsumetsu*, anniversaire de la mort de Bouddha, une journée qui porte la poisse ! Ce jour-là, il est conseillé de n'entreprendre aucun voyage ni aucune activité pouvant souffrir un risque… Les temples sont fermés, et, par superstition, de nombreux Japonais restent chez eux. Alors on s'amusera volontiers du fait que la découverte d'Obokata fut publiée le 29 janvier 2014 et qu'à compter de ce moment, sa vie devint un enfer !

l'étude, déclare qu'une erreur expérimentale peut arriver et qu'il faut attendre d'autres expériences. Riken se donne un an à compter de mars pour prouver la méthode STAP. Mais la revue *Nature* engage son sérieux. Elle ne peut attendre. Début juillet, elle obtient le consentement de l'ensemble des treize signataires pour retirer les deux articles consacrés aux cellules STAP, établissant ainsi officiellement leur irrégularité.

Le suicide du professeur Sasai

Le 5 août 2014, un drame émeut toute la communauté scientifique : Yoshiki Sasai est retrouvé pendu dans une cage d'escalier de son laboratoire. Il avait cinquante-deux ans. Avant de se donner la mort, il s'est déchaussé et a posé avec soin ses chaussures sur la première marche. Il laisse une série de lettres sur son bureau. L'une d'elles est adressée à Obokata, qui l'intime de « faire en sorte de prouver la méthode STAP ». Selon la commission d'éthique de Riken en charge de l'enquête sur l'imposture, Sasai porte la responsabilité de ne pas avoir vérifié les données de l'étude et de ne pas avoir su détecter les dérives d'Obokata. Les retraits d'articles dans des revues scientifiques sont relativement rares au Japon. A fortiori avec un tel écho médiatique. L'affaire devient inévitablement une source d'embarras majeure pour la recherche japonaise. Acceptant la responsabilité du scandale et fidèle à la moralité proverbiale nippone – « Qui ne peut vivre dans l'honneur doit mourir dans l'honneur » –, Sasai avait déclaré aux journaux juste avant son geste se sentir « profondément honteux ».

La discrimination positive des Japonaises

Malgré les efforts de la nation, la recherche scientifique nippone reste aujourd'hui encore un bastion masculin. Mais il convient d'ajouter que de façon générale, dans l'ensemble des secteurs professionnels, les femmes représentent moins de 40 % de la population active japonaise.

En 2009, l'OCDE – l'organisation internationale qui étudie l'économie de marché des pays développés, réalise des statistiques indépendantes et dresse des recommandations – exhorte l'empire du Soleil-Levant à prendre des mesures pour augmenter la proportion de femmes actives, afin d'accroître la productivité dans un pays surendetté en proie au déclin démographique. Dans un rapport récent, les analystes d'une célèbre banque américaine estiment même qu'en annulant cet écart, le Japon pourrait voir son PIB gonfler de 15 % !

En 2010, l'emploi des femmes atteint pourtant un triste record. Les 23 millions de Japonaises actives ne représentent que 60 % des femmes en âge de travailler… contre plus de 80 % chez les hommes. C'est ce vecteur de lutte contre la crise et de modernisation sociale que cherche à établir dans l'urgence l'État japonais depuis le début des années 2000 dans l'ensemble de la société civile. Le Japon compte sur la « *womenomics* » – l'économie des femmes – pour retrouver sa croissance.

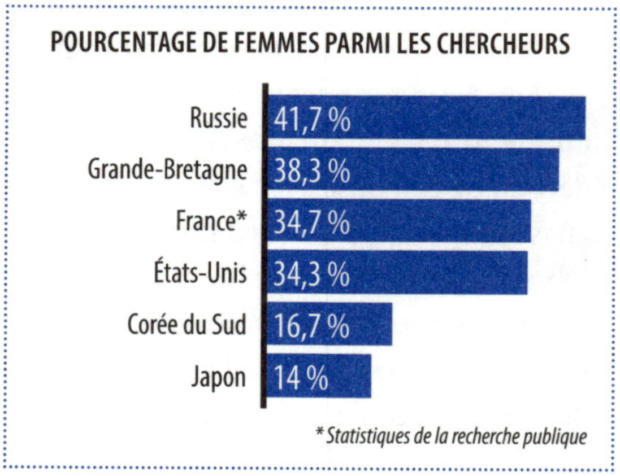

Le constat de retard est encore plus grave dans la recherche scientifique, où le pourcentage de chercheuses est le plus bas des pays développés, avec 14 % seulement.

Pour ces prochaines années, le gouvernement nippon a ciblé un objectif minimal de 30 % de femmes pour les postes de chercheurs… Les instituts de recherche et les universités doivent tout faire pour atteindre ce chiffre.

La carrière de Haruko Obokata a connu une ascension fulgurante dans ce contexte radical de discrimination positive.

L'IMPOSTURE OCCULTE UNE VÉRITABLE DÉCOUVERTE

Dans le même domaine de recherche que Haruko Obokata, au sein du même laboratoire, une autre équipe dirigée par la chercheuse Masayo Takahashi a effectué le 12 septembre 2014 une transplantation de cellules de la rétine sur une patiente de soixante-dix ans atteinte de DMLA (dégénérescence maculaire liée à l'âge), en utilisant des cellules souches pluripotentes induites selon la méthode concurrente iPS. L'intervention a consisté à implanter des cellules rétiniennes créées à partir de cellules de peau du bras de la patiente. Takahashi semble avoir réussi une expérience de médecine régénérative certes moins ambitieuse qu'Obokata (il ne s'agit ici que de l'œil), mais néanmoins révolutionnaire. Pourtant le scandale de l'imposture des cellules STAP a occulté injustement la découverte de Takahashi.

Malgré ce suicide, Riken décide de relancer l'enquête scientifique, sans plus de résultats. Ryoji Noyori, le directeur de Riken qui avait embauché Obokata, finit par lui confier la tâche de reproduire ses propres expériences, en la maintenant sous haute surveillance. En décembre 2014, soit trois mois avant le terme du délai offert à la jeune femme pour prouver la méthode STAP, l'issue est inévitable. L'aveu du mensonge est fait publiquement : « La fraude découlant de l'inexpérience ne peut être tolérée. La conclusion est que les cellules STAP n'existent pas », conclut le ministre de la Science. Au cours de l'année 2015, Obokata est déchue de l'ensemble de ses distinctions universitaires. En octobre 2015, l'université de Waseda lui retire son titre de docteur ès sciences… et lui demande, tel un champion sportif sanctionné rétroactivement, le remboursement intégral des primes perçues depuis son doctorat.

Transformer des cellules pour régénérer le corps, ce n'est pas une imposture !

Comprendre les cellules souches

Les cellules souches sont naturellement présentes chez l'homme, comme dans tous les organismes vivants multicellulaires. Elles ont pour particularité d'être indifférenciées, c'est-à-dire qu'elles ne sont pas encore programmées par l'organisme pour un usage précis. Elles sont capables de se démultiplier à l'identique et, au final, de se transformer en cellules spécialisées, selon la destination que leur donne l'organisme.

- Certaines sont dites « pluripotentes », véritables jokers pour le biologiste, elles se différencient en n'importe quel type de cellules. C'est le cas des cellules souches embryonnaires, sorte de ciment originel de la gestation corporelle permettant de générer tous types de tissus organiques sans restriction. Présentes lors des premiers stades du développement de l'embryon, elles ne peuvent être prélevées sans entraîner la mort de l'enfant à naître. De ce fait, leur utilisation est interdite dans l'ensemble des pays occidentaux.
- Les autres types de cellules souches sont différenciés, c'est-à-dire prédéterminés (la différenciation est déjà programmée), ce qui limite la variété des cellules spécialisées qu'elles pourront donner par la suite. C'est le cas des cellules issues de cordon ombilical – dont le prélèvement et le stockage sont très limités et difficiles à organiser à grande échelle – mais aussi des cellules souches adultes, qui, contrairement aux précédentes, sont produites naturellement par le corps pendant toute notre existence. C'est pourquoi ces dernières sont devenues le centre d'intérêt de la médecine régénérative.

Des cellules souches reprogrammées

Les cellules souches adultes proviennent des tissus organiques qui se renouvellent. On en trouve par exemple dans la moelle osseuse, où elles sont à l'origine des cellules sanguines (cellules souches hématopoïétiques), dans l'épiderme (cellules souches kératinocytaires) ou encore dans le tissu adipeux (cellules souches mésenchymateuses). Bien qu'elles soient présentes en faible quantité et soient moins faciles

à cultiver que les cellules souches embryonnaires, ce sont elles que les chercheurs ont le droit et la possibilité d'exploiter.
L'enjeu de la médecine régénérative est donc de manipuler génétiquement ces cellules souches adultes – puisque c'est la seule ressource de cellules souches exploitable – pour les reprogrammer artificiellement en cellules embryonnaires pluripotentes. C'est ainsi que la technique des cellules iPS a été mise au point en 2006 par Shinya Yamanaka. Artificiellement identiques aux cellules souches embryonnaires, elles sont obtenues par reprogrammation génétique de cellules adultes différenciées. Depuis 2007, des centaines de lignées de cellules iPS ont été obtenues à partir de pratiquement tous les types de cellules adultes (cardiaques, hépatiques, rétiniennes, nerveuses…). Elles seront progressivement utilisées dans le futur comme cellules thérapeutiques pour remplacer « à la demande » les cellules défectueuses. Et en théorie, elles offriront la possibilité de régénérer des organes entiers !

CELLULES « NEUVES » OBTENUES À PARTIR DE CELLULES SOUCHES ADULTES DE MOELLE OSSEUSE

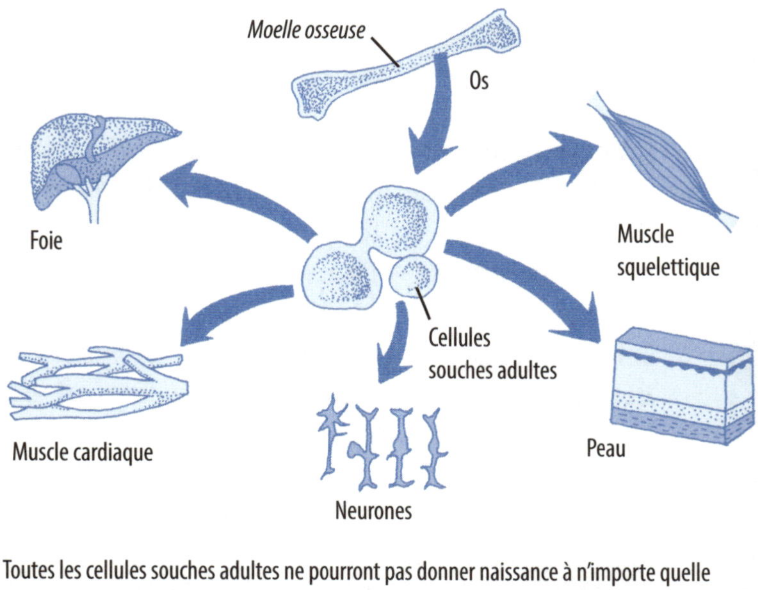

Toutes les cellules souches adultes ne pourront pas donner naissance à n'importe quelle cellule. Cela dépendra de la zone du corps qui les a générées. De plus, on ne peut pas non plus récolter ces cellules « mères » en tout point de l'organisme.

3 GÉNÉTIQUE

Bien qu'elle soit au centre de la biologie et de la médecine, la génétique mérite une place à part entière. Parce qu'elle détermine le « code informatique » des organismes vivants, en programmant leur gestation et leur fonctionnement de la naissance à la mort, cette discipline est un terrain de jeu passionnant pour nos savants les plus créatifs. Comprendre et redéfinir les règles du jeu imposées par Dame Nature, voilà une promesse quasi immédiate de révolution scientifique qui ne peut laisser indifférent un imposteur, par définition en quête de grandes découvertes et de notoriété.

Dès ses balbutiements, la génétique a également favorisé l'imposture par manque d'outils technologiques et de méthodes scientifiques suffisamment perfectionnées pour pouvoir vérifier par l'observation l'intimité profonde de nos cellules : que de possibilités pour nos savants les plus créatifs ! C'est ainsi que Gregor Mendel a l'intuition des lois de l'hérédité. Ses expériences ne lui permettront pas de valider statistiquement sa vision, mais qu'importe, personne ne s'en rendra compte avant cent ans… Puis, les sciences cognitives s'y intéressent : si la génétique définit la biologie humaine, elle prédétermine également son fonctionnement cérébral. Le psychologue Cyril Burt en tire les conclusions les plus terribles sur l'hérédité de l'intelligence. La génétique définit le vivant, l'individu et donc la société : il n'en faut pas plus à un jeune technicien agricole pour convaincre Staline de la pertinence de créer une biologie prolétarienne à la hauteur de l'empire soviétique.

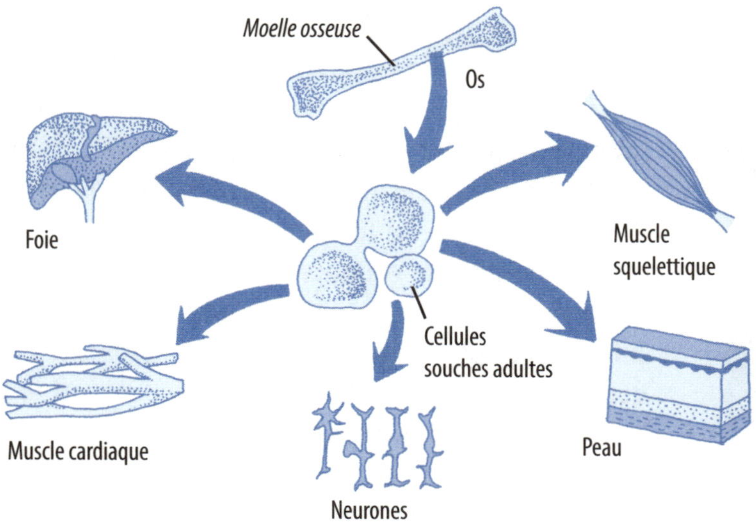

Les petits pois trop parfaits de Gregor Mendel

TYPE D'IMPOSTURE L'extrapolation

DOMAINES SCIENTIFIQUES La biologie / La génétique / La botanique

OÙ ? En Autriche

QUAND ? Entre 1850 et 1865

CROYANCE (FONDÉE !) L'hérédité biologique se vérifie avec les mêmes lois statistiques pour l'ensemble du monde vivant

PERSONNAGES PRINCIPAUX Johann Gregor Mendel (prêtre augustinien), Ronald Fisher (biologiste statisticien)

Au XIXe siècle, les travaux du prêtre Gregor Mendel sur l'hybridation des petits pois permettent de formuler les lois fondatrices de la génétique. Cinquante ans après sa mort, le biologiste Ronald Fisher analyse ses expériences : elles sont fausses !

Jusqu'au tout début du XXe siècle, de nombreuses théories tentent d'expliquer la ressemblance entre des parents et leur progéniture. L'une des plus pertinentes a été formulée par Hippocrate dès 400 av. J.-C., puis reprise et complétée par Charles Darwin deux mille ans plus tard : la pangenèse. Selon cette théorie, des fluides se forment dans tous les organes du corps pour finalement se retrouver dans les organes reproducteurs et déterminer les caractéristiques de l'enfant à naître, chaque élément du corps humain se reproduisant distinctement. Hippocrate explique également que les variations physiques que l'on constate d'une génération à l'autre ne sont que le résultat incertain de la lutte des fluides masculins et féminins.

Dans son célèbre essai, *L'Origine des espèces* (1859), Charles Darwin reprend la vision du médecin de l'Antiquité et l'améliore : les fluides deviennent des gemmules émises par chaque cellule. Ces gemmules, sortes de particules, seront appelées par la suite « pangènes » par le botaniste Hugo De Vries, inventeur du concept de mutation génétique, puis enfin « gènes ». Mais, sans la compréhension du mécanisme permettant l'apparition de caractères nouveaux – indispensables au bon fonctionnement de la théorie de l'évolution –, l'hérédité reste un mystère de la biologie. De sorte qu'avant la découverte des grandes lois de la génétique, on se contente de croire que les particules contenant les informations héréditaires « se mélangent ».

À la même époque que Darwin au Royaume-Uni, un prêtre mène ses recherches dans un monastère d'Europe centrale. Son intuition permettra de concevoir des lois statistiques universelles, vérifiables pour l'ensemble du processus biologique de l'hérédité. Pourtant, ce moine savant est à l'origine d'un autre mystère, historique celui-ci. Bien que ses conclusions soient exactes, les expériences ont été truquées ! Que s'est-il passé ? Voici le récit du père Mendel, une étonnante figure de l'histoire des sciences…

Mendel, un prêtre savant

Johann Mendel naît en 1822 dans un village de l'Empire austro-hongrois, situé aujourd'hui en République tchèque. Sa famille est de langue allemande. Son père, agriculteur, cultive des vergers qu'il améliore par des greffages. Clin d'œil de l'histoire, ce fils qui va révolutionner la biologie grâce aux greffes végétales l'aide dans sa prime enfance à réaliser ces travaux d'horticulture. Quelques années plus tard, Johann entame des études universitaires pleines de promesses. Cependant, malgré le talent qu'il montre pour ses études, sa famille ne peut plus financer sa scolarité après que son père fut victime d'un grave accident.
Hasard qui se révélera une chance pour le jeune homme, son professeur de physique à l'Université est moine augustinien, une congrégation religieuse qui se consacre à la recherche et à l'enseignement en marge des activités pastorales. Attristé par la situation de son étudiant, il convainc Johann de rejoindre le monastère augustinien de Saint-Thomas, à Brünn, en Moravie (aujourd'hui Brno), avec l'espoir que l'obtention d'un diplôme d'enseignant et ses études à l'université de Vienne (centre universitaire de l'empire) puissent être prises en charge par la congrégation.

Le monastère est dirigé par un père supérieur qui a développé un grand intérêt pour l'hérédité, et c'est lui qui oriente les recherches de Mendel vers l'hybridation des végétaux.

Le monastère est également un lieu de recherche et d'enseignement réputé. Il comporte, outre une bibliothèque fournie, un jardin botanique. À l'issue de la deuxième année, Mendel prononce ses vœux et, en devenant frère de la communauté augustinienne, prend le prénom de Gregor.

Un monastère dédié à la recherche

La vie au monastère est l'occasion de se jeter à corps perdu dans l'étude de la biologie et de la botanique. Contrepartie de cette chance inespérée, le jeune homme se plie aux obligations de donner des cours de sciences dans les collèges et lycées de la région, mais fait tout pour éviter les tâches pastorales. Bien que Johann soit devenu le frère Gregor et qu'il participe au culte religieux et à l'organisation monastique, il n'a qu'une vocation : la recherche scientifique. Dans la première partie de sa carrière religieuse qui suit son ordination, il n'aura de cesse de trouver des subterfuges pour ne pas être nommé curé de paroisse par son évêque… grâce à la complicité bienveillante de son abbé. En 1851, il obtient enfin de sa hiérarchie ecclésiastique l'autorisation de partir étudier à l'université de Vienne pour y suivre des enseignements de mathématiques, de physique, de botanique et de physiologie végétale. Il y acquiert alors le savoir méthodologique de l'expérimentation scientifique et découvre surtout les grandes questions de la physiologie végétale de son époque, notamment la difficulté qu'ont les botanistes à expliquer l'apparition de caractères nouveaux chez les végétaux qui ont été croisés (hybridation) plusieurs générations après le croisement. Après deux années d'études, le monastère le rappelle à Brünn. Il n'en repartira plus.

L'HYBRIDATION

Mécanisme au centre des travaux de Mendel, l'hybridation est la fécondation artificielle de l'ovule d'une plante par du pollen d'une autre plante de la même espèce. Le résultat donne un végétal dit « hybride » qui permet l'analyse des phénomènes d'hérédité.

Piqué par la passion de l'hérédité biologique et par la reproduction des plantes qu'il vient d'étudier à Vienne, dès l'été de son retour, en 1854, il convainc le père supérieur de le laisser mener des expérimentations sur l'hybridation des végétaux. L'abbé de Saint-Thomas est enthousiasmé par les sujets d'étude de Gregor et lui confie tout spécialement un jardin expérimental dans la cour du monastère, ainsi que l'aide de frères de la communauté pour l'assister dans ses travaux.

Mais pourquoi choisir des petits pois pour fonder les lois de la génétique ?

Mendel explique dans sa publication « Recherches sur les hybrides végétaux » le caractère exceptionnel des *Pisum* (pois) : « Les Pisum ont des caractères constants et faciles à reconnaître avec certitude ; ils donnent, par fécondation croisée de leurs hybrides, des descendants à fécondité illimitée. De plus, il ne peut facilement se produire de perturbations hasardeuses par d'autres pollens, car les organes de la fécondation sont étroitement entourés par la carène [...]. Ce fait a une grande importance. D'autres avantages méritent encore d'être cités : la culture facile de ces plantes en pleine terre et en pots, ainsi que la durée relativement courte de leur végétation. La fécondation artificielle est certainement assez minutieuse, mais elle réussit cependant presque toujours. »

Plutôt que d'étudier l'hérédité des végétaux, Mendel envisage un moment de réaliser ses expériences sur des souris qu'il élève en toute discrétion dans sa cellule du monastère. Il en sera finalement dissuadé par le père supérieur.

En 1856, après deux années passées à étudier et à tester l'hybridation de nombreuses espèces, il finit par sélectionner la famille des légumineuses (les « légumes secs »), qui englobe les plantes à graines comestibles enveloppées dans des gousses. Mendel écrit : « Dès le début, les légumineuses ont particulièrement attiré l'attention, à cause de la structure spéciale de leur fleur. Des expériences entreprises avec plusieurs espèces de cette famille ont conduit à ce résultat que le genre *Pisum* (pois) répondait suffisamment aux desiderata exprimés. » Le voilà lancé, grâce à l'extraordinaire héritabilité des petits pois (qui l'eût cru ?), dans une expérience qui va révéler les lois d'une discipline scientifique révolutionnaire.

L'hybridation de petits pois

Entre 1856 et 1863, Mendel cultive et expérimente pas moins de 29 000 plants de petits pois ! Son étude (*cf.* p. 106-109) démontrera qu'après deux générations de cultures hybrides, le quart des cultures de pois ont des gènes récessifs de lignées pures, deux sur quatre sont hybrides et un sur quatre est de caractère dominant. Ses expériences l'amènent à généraliser ces processus biologiques sous la forme de trois assertions qui, plus tard, seront désignées sous le nom de lois de Mendel. Ces lois permettent d'établir que pour chaque caractère génétique on retrouve à l'origine deux gènes différents, l'un étant dominant et l'autre récessif. Ce qui signifie que le produit des deux gènes est imposé par le premier, et que le second ne réapparaît que de façon minoritaire à partir de la deuxième génération.
Mendel expose ses études dans un article devenu célèbre : « Recherches sur des hybrides végétaux ». Il en fait la lecture en 1865, lors de réunions de la Société d'histoire naturelle de Brünn. Accueillie favorablement, l'expérience de Mendel est publiée en 1866 dans la revue scientifique de l'institution. Cependant, cette recherche est perçue comme étant liée à la botanique et à l'hybridation plus qu'à la notion d'hérédité dans le monde vivant.

Durant les trente-cinq années qui suivront, les travaux de Mendel ne seront cités que trois fois dans d'autres articles scientifiques !

Mendel finit par changer de domaine d'études et, lorsqu'il est élu supérieur de son couvent en 1868, il doit s'investir dans des occupations plus compatibles avec ses obligations. Il se passionne cependant pour la météorologie, qui sera la discipline qu'il aura le plus longtemps étudiée, jusqu'à sa mort en 1884, faisant des relevés systématiques et agrégeant l'ensemble des résultats des stations météorologiques de son pays. Il est d'ailleurs plus connu de ses contemporains pour son apport à cette matière que pour sa contribution à la génétique… Quelques jours à peine après la mort de Mendel, le père supérieur du monastère brûle l'intégralité de ses archives, nous privant définitivement d'écrits permettant de retracer la rigueur de son travail expérimental.

L'expérience de l'hybridation

Gregor Mendel justifie dans son article « Recherches sur des hybrides végétaux » son choix de l'hybridation végétale pour étudier l'hérédité : « Si l'on croise deux plantes qui diffèrent d'une manière constante par un ou plusieurs caractères, ceux qui leur sont communs passent [...] sans modifications chez les hybrides et leurs descendants. Au contraire, chaque couple de caractères différentiels se fond chez l'hybride en un nouveau caractère, ordinairement assujetti aux mêmes variations dans la descendance de cet hybride. Le but de ces expériences était d'observer ces variations pour chaque couple de caractères différentiels et de trouver la loi suivant laquelle ceux-ci apparaissent dans les générations successives. Ces recherches se divisent donc en autant d'expériences différentes qu'il se rencontre de caractères différentiels constants chez les plantes d'essai [...]. Des expériences entreprises avec plusieurs espèces de végétaux ont conduit à la conclusion que le genre *Pisum* (le pois) répondait suffisamment aux desiderata exprimés. »
Mendel poursuit son article en décrivant la façon dont il réalise l'hybridation du petit pois : « On ouvre le bouton encore incomplètement développé, on écarte la carène (l'enveloppe) et on enlève chaque étamine (organe mâle) avec précaution au moyen d'une petite pince ; après quoi, l'on peut aussitôt recouvrir le pistil (organe femelle) de pollen étranger. » En effet, le pois est une plante autogame, ce qui signifie que les ovules du pistil, enfermé dans la carène de la fleur, sont fécondés par le pollen des étamines de cette même fleur. L'autofécondation et la protection de l'enveloppe (la carène) font qu'il ne peut y avoir d'échanges génétiques avec d'autres fleurs. Les caractères génétiques parentaux sont conservés sur plusieurs générations, la descendance est pure. C'est aussi pourquoi, grâce au choix d'une plante autogame, il suffit à Mendel de couper l'organe mâle (les étamines) pour éviter que la plante ne se féconde autrement que par l'hybridation. Le choix de ce type de végétal est d'autant plus pertinent que l'expérimentation est facile et l'hérédité, garantie.

L'HYBRIDATION DES POIS

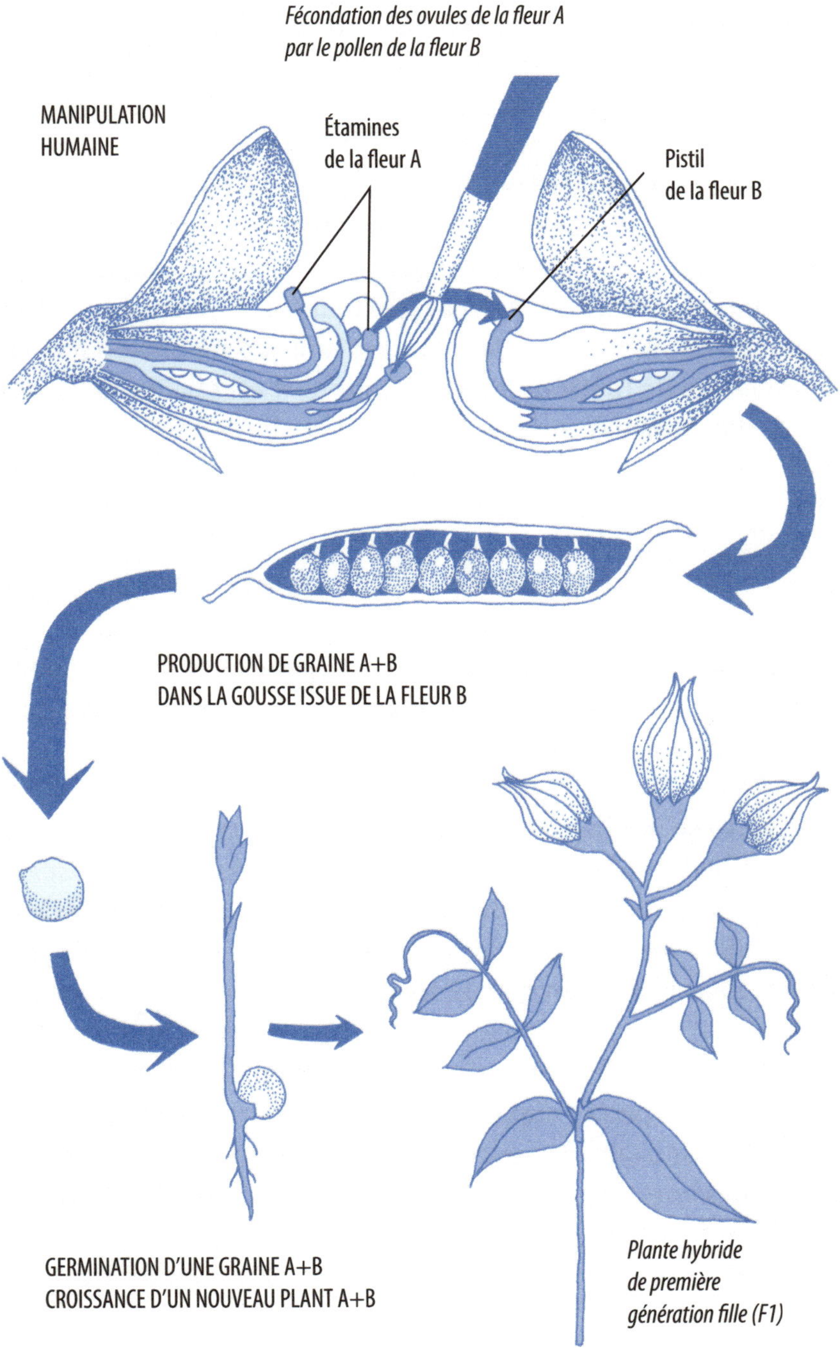

L'imposture de Mendel

À partir du croisement de lignées pures de pois, l'analyse de la descendance obtenue amène Mendel à établir les premiers postulats de l'hérédité sur la base de conclusions truquées mais pertinentes.

1) Dans la première génération (génération F1) d'un croisement impliquant deux lignées pures de pois différant par seulement un de leurs caractères (couleur, position de la fleur, taille de la tige, aspect de la gousse), on constate que tous les individus présentent le même résultat. Le caractère qui se manifeste systématiquement à l'exclusion de l'autre dans la génération F1 est qualifié de dominant, et le caractère qui en est exclu est qualifié de récessif (résultats obtenus à 100 % sur l'ensemble des cultures). Ainsi les pois obtenus sont lisses (et jamais fripés), jaunes (et jamais verts), etc.

2) Dans la descendance (génération F2) de deux individus F1, les caractères parentaux réapparaissent suivant une proportion prédictible de trois quarts pour le caractère dominant et un quart pour le caractère récessif. Ce qui signifie qu'une fois sur quatre, le pois redevient fripé ou vert.

3) Si l'on croise des lignées pures, mais différentes par non plus un seul mais plusieurs caractères (couleur et en même temps aspect ou taille), chacun de ces caractères se comporte de façon indépendante vis-à-vis de l'autre, et réapparaît en F2 selon les mêmes proportions héréditaires, mais distinctement par rapport à l'autre.

Selon le statisticien Ronald Fisher, de tels rapports statistiques sont purement théoriques et impossibles à obtenir avec si peu de plantes expérimentées. La nature ne peut pas nous permettre de constater l'hérédité des caractères récessifs avec des proportions aussi parfaites. Ce qui fait de Mendel un intuitif génial, mais aussi un falsificateur…

UNE EXPÉRIENCE FALSIFIÉE MAIS JUSTE

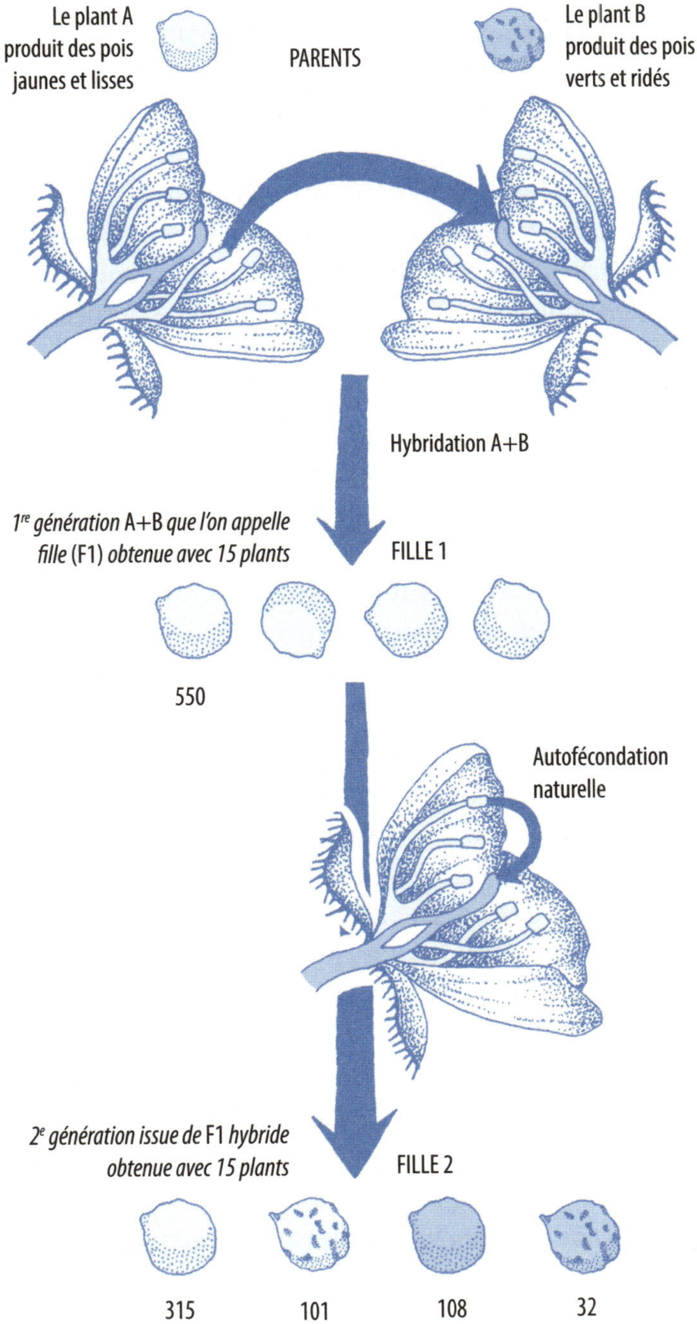

75 % des pois sont jaunes ou lisses, 25 % sont verts ou ridés

L'indifférence de Darwin et la redécouverte de ses travaux

Les travaux de Mendel se nourrissent d'études statistiques et de mise en perspectives mathématiques, et les biologistes comprennent peu cette approche trop éloignée de la rhétorique scientifique habituellement employée à cette époque. Même Darwin, qui avait eu connaissance des travaux de Mendel, n'y accorda que peu d'attention. C'est ainsi que les deux théories, celle de l'évolution et celle de la génétique, qui allaient par la suite se compléter et s'enrichir mutuellement, coexistèrent séparément durant plusieurs décennies, sans que personne n'ait l'idée de faire le lien entre elles.

La théorie sur l'hérédité la mieux reçue au XIXe siècle était celle du mélange des sangs telle que l'a formulée le cousin de Darwin, Francis Galton, fondateur de l'eugénisme, autre imposture de la génétique (*cf. infra* p. 114 et suiv.). Les lois de Mendel contredisent la vision de Darwin qui prétend que l'hérédité se déroule selon la transmission des avantages qu'un être vivant peut en retirer. En quelque sorte, l'hérédité selon Darwin est dominante pendant trente années, tandis que les lois de Mendel sont jugées récessives ! Puis vient la nouvelle génération de théoriciens de la biologie, au début du XXe siècle : Hugo De Vries, Carl Correns et Erich von Tschermak. Ils redécouvrent en 1901, chacun de leur côté, les lois du prêtre moldave. Dans leur continuité, Walter Sutton et Theodor Boveri formulent en 1902 la théorie chromosomique, qui postule que les chromosomes sont les facteurs de l'hérédité mendélienne. Et cette même année, Lucien Cuénot montre que les lois mendéliennes sur l'hybridation végétale s'appliquent également au règne animal. Gregor Mendel entre alors dans l'histoire universelle des sciences.

Un demi-siècle après Mendel, le biologiste et statisticien Ronald Fisher établit la passerelle tant attendue entre l'évolution biologique et les lois de la génétique… tout en lançant une controverse quant à la probité des résultats rapportés par le prêtre moldave. En effet, les résultats des deuxièmes générations (F2) ne peuvent pas être exactement de 4 pour 1. Fisher estime que la probabilité d'obtenir un ajustement aussi précis que Mendel est de seulement 7 sur 100 000 ! Que s'est-il passé ? Selon Fisher, soit Mendel a menti en créant résultats qu'il aurait souhaité obtenir, soit il a été trompé par ses assistants, qui connaissaient trop bien le résultat attendu par leur maître, réputé par ailleurs pour son autorité et son impatience. Il n'en reste pas moins que Fisher a raison : la totalité des expériences a été falsifiée. Les historiens du xxe siècle ne destitueront pas le père de la génétique pour autant. Cette découverte a permis de comprendre que l'hérédité biologique dépend d'informations paritaires (père/mère), stockées et transmises selon des règles statistiques prévisibles. Et l'extrapolation mensongère de ses résultats expérimentaux relève malgré tout d'une intuition géniale, à l'origine de l'une des plus grandes révolutions de la biologie…

RONALD FISHER, LE CHASSEUR D'IMPOSTURES STATISTIQUES

À la fois statisticien et biologiste, le Britannique Ronald Fisher (1890-1962) est considéré par certains comme « le plus grand des successeurs de Darwin », mais aussi comme l'homme qui a « presque à lui seul fondé les statistiques modernes ».
À la frontière des deux disciplines, il inventa des méthodes mathématiques indispensables à l'expérimentation dans les sciences du vivant. Il est également connu pour avoir vérifié rétroactivement la validité statistique de quelques grandes expériences de la biologie, dont celles de Mendel.
Dans le domaine des statistiques, Fisher introduisit de nombreux concepts-clés, tels que le « maximum de vraisemblance », qui associe les lois de la probabilité à l'étude statistique d'un échantillon, et l'analyse de la variance, un test statistique permettant de vérifier que plusieurs échantillons sont issus d'une même population.
Il est également l'un des fondateurs de la génétique moderne et un grand continuateur de Darwin, en particulier grâce à son utilisation des méthodes statistiques, incontournables dans la génétique des populations. Fisher a ainsi contribué à la formalisation mathématique du principe de sélection naturelle. Comme beaucoup de généticiens britanniques de son époque, il milite pour l'eugénisme dans les années 1930.

Le patrimoine génétique

Chaque individu est composé de milliards de cellules. Chaque cellule contient dans son noyau, 23 paires de chromosomes.

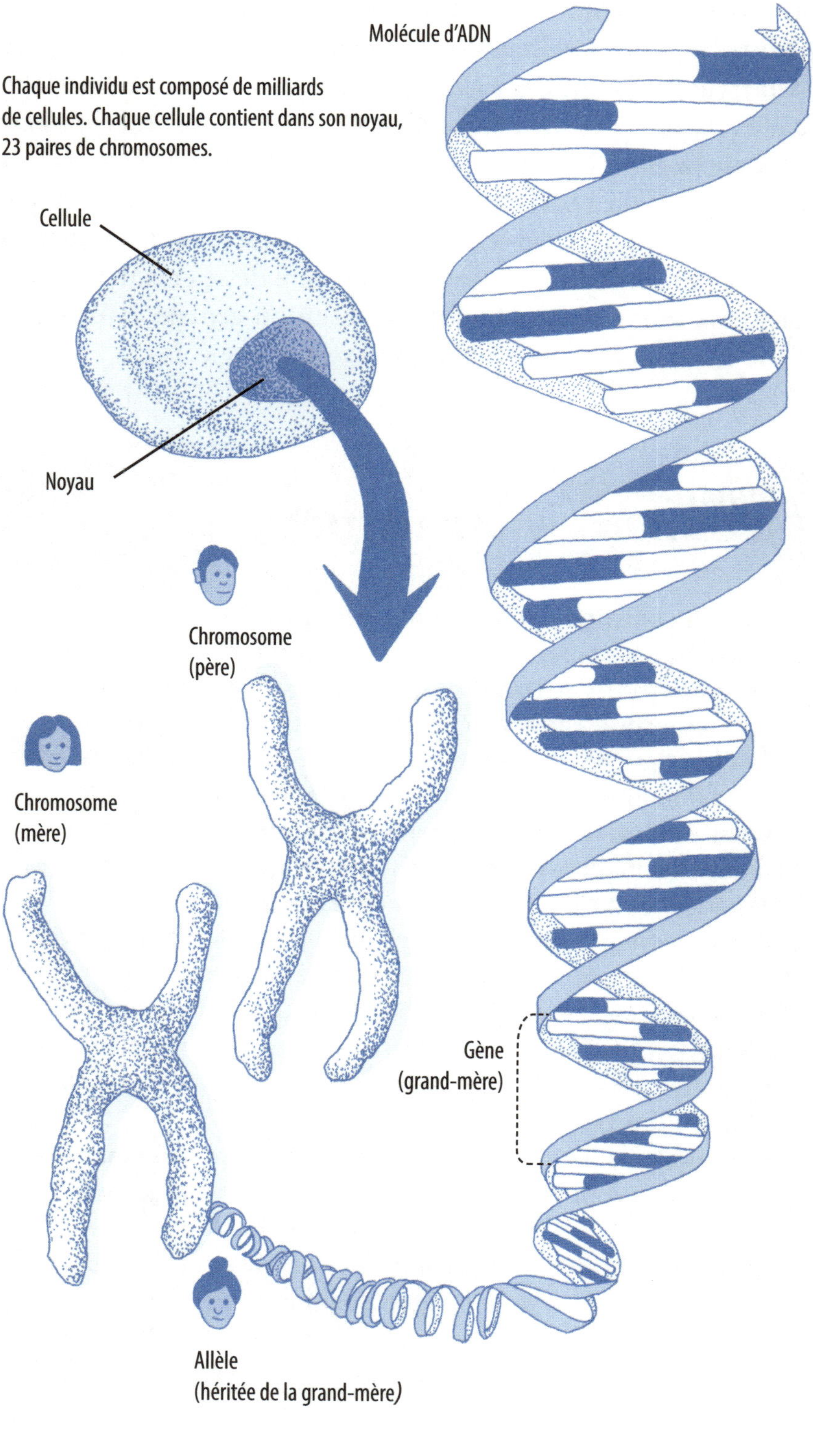

Comprendre (enfin !) le vocabulaire de la génétique

Les caractères biologiques	L'information transmise
Génome	La totalité des caractères génétiques d'un individu.
Chromosomes	Structures microscopiques composées de molécules d'ADN et de protéines. Il en existe 23 paires (masculin, féminin) dans le corps humain, situées dans le noyau de chaque cellule de l'organisme.
Allèles	Deux états (l'un maternel et l'autre paternel) d'un même gène. S'ils sont différents, l'un domine l'autre. Ainsi, la couleur des yeux des parents correspond pour l'enfant à deux gènes parentaux, les allèles.
ADN	L'acide désoxyribonucléique est une macromolécule plus connue sous le nom d'ADN. Elle contient et transmet l'information génétique grâce aux gènes qu'elle transporte.
Gène	Une information isolée, portée par l'ADN, lui-même contenu dans les chromosomes. Le gène est en quelque sorte un « morceau » d'ADN et une toute petite portion de chromosome.

Cyril Burt et l'intelligence héréditaire

TYPE D'IMPOSTURE La mystification

DOMAINE SCIENTIFIQUE La psychologie

OÙ ? Au Royaume-Uni

QUAND ? Entre 1909 et 1979

CROYANCE L'intelligence humaine est héréditaire et peut être mesurée scientifiquement

PERSONNAGES PRINCIPAUX Cyril Burt (psychologue), Francis Galton (psychologue), William McDougall (psychologue), Leon Kamin (psychologue) et Oliver Gillie (chroniqueur médical au *Sunday Times*)

Cyril Burt, longtemps considéré comme l'un des pères de la psychologie moderne, prétendait que l'intelligence est héréditaire et ne dépend pas de l'éducation. Grâce à la mystification de ses travaux de recherche, il exerça au xxe siècle une influence politique et scientifique considérable.

L'Angleterre de la fin du XIXe siècle est l'époque de Charles Darwin (1809-1882) et de sa théorie de l'évolution qui explique l'extraordinaire biodiversité sur Terre et la lente formation des espèces biologiques. Selon le naturaliste, les caractères distinctifs de l'humanité – comme l'ensemble des paramètres biologiques du monde vivant – sont des facteurs héréditaires qui évoluent sur des millions d'années. Son cousin, le professeur de psychologie Francis Galton (1822-1911), en fonde une théorie politique dévastatrice : l'eugénisme. Le talent ou le génie humain seraient un phénomène génétique lié à l'hérédité et non à l'environnement culturel. Galton préconise une mise en œuvre « sélectionniste » de la théorie de l'évolution : pour améliorer l'espèce humaine, il faut hiérarchiser la société et organiser les mariages en fonction de ce paramètre vital.

EUGÉNISME

L'étymologie du mot est grecque : *eu* (« bien ») et *gennaô* (« engendrer »), ce qui signifie littéralement « bien naître ». Ce néologisme a été utilisé pour la première fois en 1883 par le Britannique Francis Galton.

Quelques décennies plus tard, certains n'hésitent pas à porter encore plus loin le flambeau eugéniste. La pensée évolutionniste alimente outre-Rhin des idéologies meurtrières qui prônent le racisme et trouvent dans la sélection eugéniste une clé absolue pour vaincre la fatale décadence des civilisations.

Cyril Burt, un psychologue eugéniste

Sir Cyril Lodowic Burt (1883-1971) est un psychologue britannique, pionnier de la cognition et des apprentissages de l'enfant. Ses études basées sur l'héritabilité de l'intelligence contribuèrent à façonner la politique scolaire en Grande-Bretagne pendant près de quarante ans. Peu de temps après sa mort, on s'aperçut qu'il avait totalement falsifié ses données de recherche dans le seul but de promouvoir sa vision idéologique de l'eugénisme et de lui donner une réalité politique.

Cette vision politique de l'humanité n'arrive pas par hasard. Elle est liée à la naissance de la génétique mendélienne et des principes d'héritabilité des caractéristiques biologiques. N'ayant pas encore les outils d'exploration adéquats pour comprendre et analyser cette génétique naissante, les scientifiques ne peuvent que l'extrapoler.

L'intelligence, une affaire d'hérédité

Le fonctionnement du corps humain s'entend comme un élément parmi d'autres, dans un dispositif biologique global. On raisonne avec l'homme comme on raisonne avec une espèce végétale ou animale. C'est ainsi que l'étude des phénomènes psychiques, la psychologie, se retrouve justifiée non par l'éducation ou l'environnement social, mais par des critères somatiques. Tout est physiologique ! Le raz-de-marée du tout génétique emporte l'humanisme sur son passage. La société peut dissoudre sa responsabilité pour – enfin – assumer l'individualisme. L'inégalité sociale trouve une justification par la science. Et par inégalité, ne comprenez pas notre aptitude à nager rapidement ou à courir sur une distance donnée, ni l'accès à une formation scolaire onéreuse. Non, il s'agit bien d'inégalité culturelle et d'intelligence innée, déterminée par l'hérédité. Le psychologue qui porta cette idée nouvelle et tenta de l'appliquer politiquement à l'échelle d'une nation est le Britannique Cyril Burt. Mais sa vision ne se révélera pas seulement erronée, car il va justifier ses travaux et les conclusions qu'ils induisent par ce qui sera considéré par certains comme l'une des plus grandes impostures scientifiques du XXe siècle.

Naissance d'une vocation

Cyril Burt commence son existence à la fin du XIXe siècle, dans le décor bourgeois londonien si brillamment évoqué par l'écrivain Conan Doyle. Chétif et myope, il est également ce que l'on appellerait aujourd'hui un enfant précoce. Dès l'âge de dix ans, il accompagne son père à l'hôpital pour l'aider dans son travail d'assistant médical et se familiarise avec l'environnement clinique, la pathologie et le diagnostic. Adolescent, il rencontre dans l'entourage paternel Francis Galton, fondateur de l'eugénisme et de la psychologie différentielle (l'analyse des différences psychologiques entre les individus). Le charisme et l'éloquence du grand psychologue exercent une profonde influence sur le jeune Burt, qui s'oriente avec conviction en 1902 vers des études de philosophie et de psychologie à Oxford, sous l'autorité d'un autre mandarin de la discipline, William McDougall, précurseur de la psychologie sociale. Connaissant la passion de Burt pour Galton et sa fascination pour l'eugénisme, McDougall encourage son jeune étudiant à mener des études sur la mesure psychométrique et le développement des tests mentaux, un domaine de la psychologie clinique plein de promesses. Il le convie également à travailler sur l'établissement d'un questionnaire national afin de sonder les caractéristiques physiques et mentales de la population britannique. Cette vision va l'occuper désormais jusqu'à la fin de ses jours.

Testé et approuvé

Burt consacre sa carrière de chercheur à étudier ces domaines. Nommé conférencier en psychologie et en physiologie en 1908 à l'université de Liverpool aux côtés du professeur Charles Sherrington, futur prix Nobel de médecine et découvreur du fonctionnement neuronal, il se sert des travaux de ce dernier pour rédiger sa première publication scientifique. Et déjà, celle-ci a pour sujet l'origine physiologique de l'intelligence. Fait éloquent, que l'on retrouve souvent chez les grands imposteurs, les conclusions de la première étude comportent également celles des études suivantes : l'héritabilité de l'intelligence est fondée et l'eugénisme est une opportunité politique. Dès 1909, Burt réalise des tests « quantitatifs » pour étayer ses théories. Il compare ainsi l'aptitude intellectuelle d'étudiants de classes préparatoires à celle d'écoliers de onze ans. Bien qu'admise dans le contexte culturel de

ALFRED BINET

Pédagogue français, Alfred Binet (1857-1911) est considéré comme le créateur de la psychométrie scientifique et l'un des promoteurs de la psychologie expérimentale en France. Il établit le premier test mental véritablement applicable, et ses recherches aboutissent à la construction de l'échelle métrique de l'intelligence, destinée à être utilisée pour les enfants éprouvant des difficultés d'apprentissage. Son échelle métrique est détournée par Cyril Burt pour l'étendre à la mesure de l'ensemble d'une classe d'âge, mais également aux adultes.

son époque, sa conclusion semble aujourd'hui grossière : la différence entre les scores de ces deux groupes ne serait pas liée à des connaissances acquises, mais à une capacité mentale innée. Comment comparer rationnellement l'intelligence d'individus ayant un tel écart dans leur niveau scolaire ?

La psychologue Leslie Hearnshaw, ancienne élève de Burt, qui publiera une biographie de son professeur, observe que « par tempérament ou par formation, il ne fut pas un scientifique. Il était présomptueux, trop précipité, trop impatient d'arriver au résultat final, trop enclin aux rectifications et aux replâtrages pour être un bon scientifique. Ses travaux eurent souvent l'apparence de la science, ils n'en eurent jamais la consistance ». De la première publication de Burt en 1909 à la dernière, en 1966, ce commentaire semble parfaitement résumer la carrière de notre imposteur…

Le triomphe de Sir Cyril Burt

En 1913, son parcours connaît un tournant décisif, il prend la charge de psychologue scolaire pour la Ville de Londres. Ce poste est le tout premier jamais créé dans le monde. À cette occasion, Burt traduit en anglais les premiers tests d'intelligence d'Alfred Binet et les adapte (à sa manière !) pour le Royaume-Uni.

Dans le cadre de ses nouvelles responsabilités, Burt participe à l'élaboration d'une loi d'inspiration eugéniste : le Mental Deficiency Act, destiné à identifier les enfants déficients mentaux au sein de la société.

Suite à l'application de cette loi terriblement inique jusqu'en 1959, plus de 65 000 personnes seront enlevées à leurs familles et placées de force dans une institution ou, pire, expatriées vers les colonies britanniques. En 1927, Burt publie des travaux sur la délinquance juvénile et – fait louable – il initie l'ouverture du premier établissement de réinsertion au monde. Quatre ans plus tard, il devient professeur de psychologie au prestigieux University College de Londres et contribue à l'élaboration du 11-plus (*eleven plus*), un test qui oriente les écoliers de primaire en fonction de leur score.

Les succès de Burt à Londres le conduisent en 1942 au poste prestigieux de président de la British Psychological Society. Anobli par George VI, en 1946, il acquiert une notoriété mondiale grâce à ses études sur les jumeaux. En effet, il est l'un des premiers à avoir l'idée de comparer le quotient intellectuel de jumeaux monozygotes, élevés ensemble ou séparément (*cf.* p. 121). Comme l'on peut s'y attendre, ses conclusions justifient ses théories : l'environnement n'influe que très peu sur le développement intellectuel d'un enfant. Ces mystifications contamineront de manière durable nombre de psychologues dans la seconde moitié du XXe siècle.

LE TEST 11-PLUS

Pratiqué dans tout le Royaume-Uni de 1944 à 1967, le 11-plus est un examen d'admission aux écoles secondaires. Il évalue la capacité d'un élève de onze ans (d'où son nom) à résoudre des problèmes de raisonnement et de calcul mental. Le score obtenu permet ainsi de quantifier l'intelligence de l'enfant et de prédéterminer scientifiquement le type d'établissement où l'orienter à la fin de l'enseignement primaire : un lycée préparant à des études universitaires (25 % des meilleures notes), une école secondaire « simplifiée » n'offrant pas d'accès vers le supérieur (25 % des plus mauvaises notes) ou une école technique pour les résultats médians. On considère alors que l'environnement ou le travail à venir de l'enfant ne lui permettront jamais de dépasser ses propres capacités, celles-ci étant prédéterminées dès la naissance par ses gènes et sa physiologie cérébrale.

Cyril Burt se retire de la vie universitaire en 1951 à soixante-huit ans… Cependant, bien qu'il n'ait plus aucun assistant ni laboratoire, il ne cesse de publier des études et des ouvrages spécialisés, allant toujours plus loin dans la démonstration de l'héritabilité de l'intelligence. La communauté universitaire, loin de remettre en cause ses recherches, qui brillent par l'absence de méthodologie scientifique et par des statistiques improbables, continue d'encenser celui que l'on considère comme l'un des pères de la psychologie moderne.

« Grâce à presque et à quasi, plus d'un mensonge s'esquive. »
Proverbe traditionnel anglais

Burt s'éteint en 1971, à l'âge de quatre-vingt-huit ans, laissant derrière lui une profonde empreinte dans la psychologie de l'enfant et dans la politique scolaire britannique qui aura modifié le destin de plusieurs générations d'écoliers. Notre histoire n'est pas terminée : le lecteur attentif aura remarqué que notre imposteur n'est pas encore démasqué ! Le noble défunt figure alors dans les dictionnaires et encyclopédies du monde entier. Et les éminents psychologues qui lui succèdent saluent sa mémoire.

Des données statistiques douteuses

En 1972, l'aura de ses théories est à son apogée aux États-Unis, bien que la Grande-Bretagne se soit détournée déjà de la politique eugéniste dans l'éducation dès les années 1960. Arthur Jensen, de l'université de Californie, soutient que l'échec scolaire de certaines minorités ethniques est la conséquence d'une déficience intellectuelle inhérente à la race, et donc génétique. Au sein des grandes universités américaines, la communauté scientifique s'affronte, opposant eugénistes et environnementalistes (l'environnement de l'enfant est le principal facteur de développement de son intelligence).
À l'université de Princeton, le professeur de psychologie Leon Kamin, bien que persuadé que l'esprit humain est hautement malléable grâce aux apprentissages, ne participe pas à ces controverses. Il ne s'est jamais intéressé aux mesures psychométriques ni aux études de Cyril Burt. Cependant, à la demande de l'un de ses étudiants, étonné par les statistiques publiées par le savant britannique, il lit attentivement

un célèbre article de 1943 sur l'intelligence des jumeaux. Après quelques minutes, la réalité lui saute aux yeux : les données statistiques de la publication sont inventées, les échantillons présentés ne peuvent exister. Il consulte alors les autres travaux menés dans ce domaine et passe au crible diverses études sur les jumeaux, notamment celles de Burt. En 1974, après deux années de recherche, Kamin publie ses

La controverse des jumeaux

La principale accusation de Leon Kamin contre Burt concerne les études menées sur les jumeaux monozygotes. Ces sujets ont pour particularité d'avoir les mêmes gènes. C'est pourquoi ils constituent une opportunité extraordinaire de vérifier la façon dont se développe l'intelligence humaine, selon qu'ils sont élevés ensemble ou séparément. Selon Burt, bien évidemment, leurs scores aux tests d'intelligence restent très semblables, qu'ils aient grandi dans le même foyer ou non.

Ses études de 1943 à 1966 répètent systématiquement le même coefficient de corrélation entre les différents tests : 1943, 0,770 - 1955, 0,771 - 1966, 0,771. Le chiffre ne varie presque pas, bien que l'on s'attende logiquement à constater une plus grande variabilité à mesure que le nombre de sujets testés s'accroît. En effet, le premier article dénombre 15 paires de jumeaux monozygotes élevés séparément. En 1955, Burt en ajoute 6 paires. Et en 1966, pour sa dernière publication, alors qu'il est déjà retraité et privé de laboratoire, il rapporte une cohorte de 53 paires de jumeaux monozygotes, la plus importante jamais étudiée. Chaque étude conclut en faveur de l'héritabilité de l'intelligence grâce aux coefficients de corrélation truqués.

D'autres critiques, plus tard, ont souligné qu'il était peu probable que Burt soit en mesure de trouver autant de vrais jumeaux élevés séparément. En 1997, le psychologue américain William Tucker a comptabilisé le nombre de sujets monozygotes étudiés par des chercheurs entre 1922 et 1990, et a conclu que le total de toutes les paires de jumeaux ayant participé à des études était inférieur à 53 ! Cyril Burt n'a jamais pu trouver au Royaume-Uni autant de monozygotes élevés séparément, il n'en existait pas assez…

conclusions dans son livre *The Science and Politics of IQ*. Il reproche à l'éminent psychologue de n'avoir jamais vraiment défini ses méthodes ni la population qu'il étudiait, et de s'être protégé derrière des détails méthodologiques extraits de publications inexistantes ou introuvables. En un seul ouvrage, Kamin démolit les bases empiriques de l'intelligence héréditaire et, du même coup, la réputation de Burt.

Plus affligeant encore, écrit Kamin, dans le dernier article de 1966, les résultats – présentés sous forme de coefficients – sont identiques à ceux de 1943, ce qui est statistiquement impossible (*cf.* p. 121). Il n'accuse pas pour autant le psychologue britannique d'imposture. Il suggère l'évidence, mais ne la verbalise pas clairement, ne souhaitant pas nuire au débat sur l'hérédité en créant une polémique trop facile. Kamin se contente de reprocher à Burt d'être un mauvais scientifique.

> ***« Les chiffres légués par Cyril Burt ne méritent plus aujourd'hui d'être pris au sérieux par les hommes de science. »***
> Leon Kamin, 1974

La fraude scientifique la plus extraordinaire du XXe siècle

Le livre de Kamin défraie la chronique chez les universitaires spécialistes des sciences humaines et convainc les Britanniques Ann Clarke et Michael McAskie de réaliser une synthèse de toutes les études déjà parues sur les corrélations entre le QI des parents et celui des enfants. Leur analyse est publiée dans le *British Journal of Psychology* en mai 1976. Seules les publications de Burt sont jugées irrecevables et qualifiées pour la première fois de frauduleuses. D'abord confinée au milieu universitaire, cette remise en question de probité atteint rapidement le grand public. La première accusation publique de fraude se manifeste en octobre 1976.

Le docteur Oliver Gillie, chroniqueur médical au *Sunday Times*, s'intéresse aux travaux du grand psychologue après avoir lu le livre de Kamin. Il enquête et tente de retrouver Margaret Howard et Jane Conway, les deux auxiliaires de recherche de Burt. C'est, selon lui, le seul moyen d'en savoir plus sur les statistiques les plus controversées et de recueillir un témoignage sur ses méthodes scientifiques. Au terme d'une investigation approfondie, il est forcé de déduire que ces noms ont été inventés. À la lumière des autres faits rapportés par Kamin, Clarke et McAskie, Gillie conclut que le psychologue a falsifié ses données. Son article paru en première page du *Sunday Times* le 24 octobre 1976 débute ainsi : « L'accusation de fraude scientifique la plus extraordinaire du XXe siècle est portée contre Sir Cyril Burt. D'éminents scientifiques sont convaincus que Burt a publié de fausses données et inventé des faits cruciaux pour soutenir sa théorie controversée que l'intelligence est héréditaire. »

Leslie Hearnshaw, une fidèle étudiante de Burt, décide alors d'écrire la biographie de son professeur afin de laver son honneur. Dans un communiqué, elle implore la communauté universitaire de reporter son jugement moral jusqu'à ce qu'elle l'ait publiée. Elle obtient de sa famille l'ensemble des documents de travail et notes personnelles. Mais, à sa grande surprise, au lieu de trouver matière à disculper son maître, elle ne découvre que des preuves affligeantes. Dans son livre paru en 1979, *Cyril Burt, Psychologist*, Hearnshaw doit reconnaître que les accusations sont fondées.

Le psychologue eugéniste est définitivement démasqué. Ses idées sur l'héritabilité de l'intelligence vont continuer cependant de faire des victimes dans toutes les sphères de la vie intellectuelle. Exemple récent, en 2007, dans le même *Sunday Times*, James Watson (prix Nobel de médecine en 1962) déclare à propos des Africains : « Toutes nos politiques sociales sont fondées sur le fait que leur intelligence est la même que la nôtre – alors que les expériences prouvent le contraire. » Une imposture ne meurt-elle vraiment jamais ?

Un savant paranoïaque ?

Cyril Burt, convaincu à l'excès de ses propres thèses, chercha à les démontrer par tous les moyens. Selon sa biographe Leslie Hearnshaw, le psychologue, devenu sourd et malade à la fin de sa vie, était atteint d'une sorte de paranoïa et se montrait sans cesse plus agressif à l'égard de ses contradicteurs. Les fausses collaboratrices découvertes par Gillie n'étaient qu'un exemple parmi les vingt pseudonymes de chercheurs qu'il avait utilisés pour défendre ses travaux dans son propre journal universitaire.

Classification héréditaire d'un enfant délinquant par Cyril Burt

Dans son livre *The Young Delinquent* (1925), Cyril Burt présente ses travaux sur la délinquance juvénile en marge de la création à Londres du tout premier centre pour la réinsertion des délinquants. Fidèle à sa terrible inspiration eugéniste, il identifie l'ascendance de chaque enfant, le classe selon des critères comparatifs qu'il considère comme héréditaires et lui attribue un coefficient mental. Ci-dessous, le cas d'un jeune délinquant de onze ans.

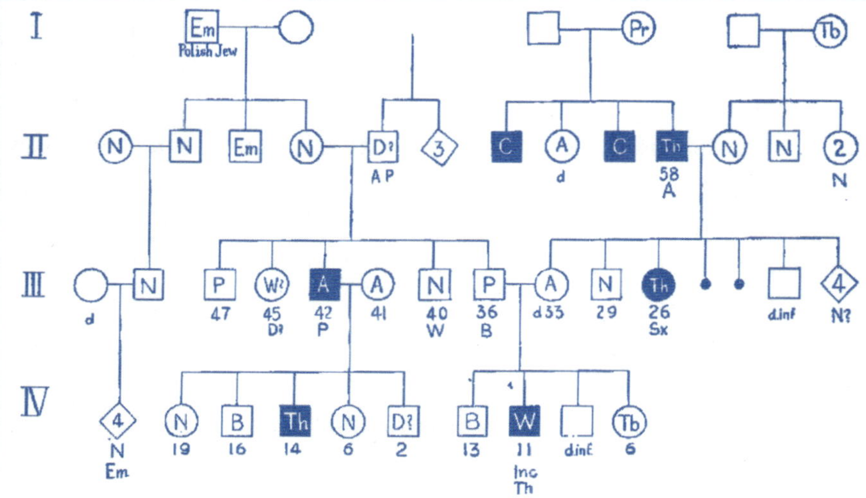

■□ : Masculin
●○ : Féminin
◆ : Genre inconnu
■ ● : Incarcéré ou placé en centre de délinquance juvénile

A : Alcoolique
B : Arriéré
C : Criminel
D : Mentalement défectueux
Pr : Prostituée
Div : Divorcé

Em : Emigré
P : Pauvre
Th : Voleur
Sx : Délinquant sexuel
W : Vagabondage
Tb : Tuberculeux

- **Classé incorrigible.** Fugue après l'école ; vole son oncle maternel, avec qui il vit. Santé faible. Intelligence en dessous de la moyenne, mais certainement pas arriéré (coefficient mental 90). Instable, humeur irritable.
- **Père** analphabète, incarcéré dans un centre pour mendiants.
- **Mère** mariée à dix-huit ans, ivrogne, décédée il y a neuf mois.
- **Famille du père :** grand-mère paternelle descendante d'une famille juive polonaise émigrée. Grand-père paternel alcoolique et pauvre, apparemment faible d'esprit. Leurs descendants montrent également des tendances à l'alcoolisme, à la pauvreté et au vagabondage.
- **Famille de la mère :** grand-père maternel grand buveur, emprisonné pour vol ; deux de ses frères ont également été en prison. Leur mère aurait été une prostituée.

L'intelligence est-elle quantifiable ?

Depuis un siècle, les psychologues ont tenté de mesurer l'intelligence, à l'origine dans le but de cerner les troubles de l'efficience intellectuelle et de proposer aux enfants qui en souffrent une éducation particulière. Cette démarche a abouti à la mise au point d'un test permettant le calcul du quotient intellectuel, ou QI. Elle a été extrapolée dans un second temps à tous les individus en leur offrant la promesse de pouvoir comparer leurs facultés de manière arithmétique. Pour autant, cette approche conçue à l'aube des neurosciences apparaît de plus en plus surannée. En effet, l'intelligence ne répond à aucune définition précise tant pour le physiologiste, l'informaticien, le neuroscientifique, le psychologue ou le philosophe. Dès lors, comment savoir ce que l'on mesure ? Considérée par les uns comme l'adaptabilité à un environnement, par les autres comme la faculté à opérer certaines tâches cognitives, l'intelligence n'en demeure pas moins un concept imprécis.

Howard Gardner, chercheur en psychologie à Harvard, a énoncé en 1983 la théorie des intelligences multiples afin de tenter de référencer des sous-définitions de l'intelligence à défaut de disposer d'une définition globale. Selon Gardner, l'intelligence est logico-mathématique, spatiale, interpersonnelle, corporelle-kinesthésique, verbo-linguistique, intrapersonnelle, musicale-rythmique, naturaliste-écologiste, existentielle. Plus récemment, on y a également ajouté la dimension émotionnelle. L'intelligence n'en reste pas moins un concept-valise qui englobe des acceptions trop nombreuses pour être rassemblées dans une mesure unifiée. Mais alors, pourquoi continue-t-on à nous parler autant de notre QI ? Très certainement parce que notre société est toujours victime de l'imposture d'un Burt et de la politique eugéniste, qui ont su cristalliser la croyance populaire fondée sur l'idée qu'un individu est scientifiquement définissable et donc comparable à d'autres individus. Il nous faudrait revenir à la pratique d'Alfred Binet : la mesure de l'intelligence n'est qu'un outil pédagogique pour diagnostiquer des déficiences chez l'enfant. Et accepter que les tests psychométriques proposés aux adultes mesurent des aptitudes très précises qui ne répondront jamais à « une » intelligence, mais à des facultés individuelles différenciées, impropres à l'établissement d'une hiérarchie socioculturelle.

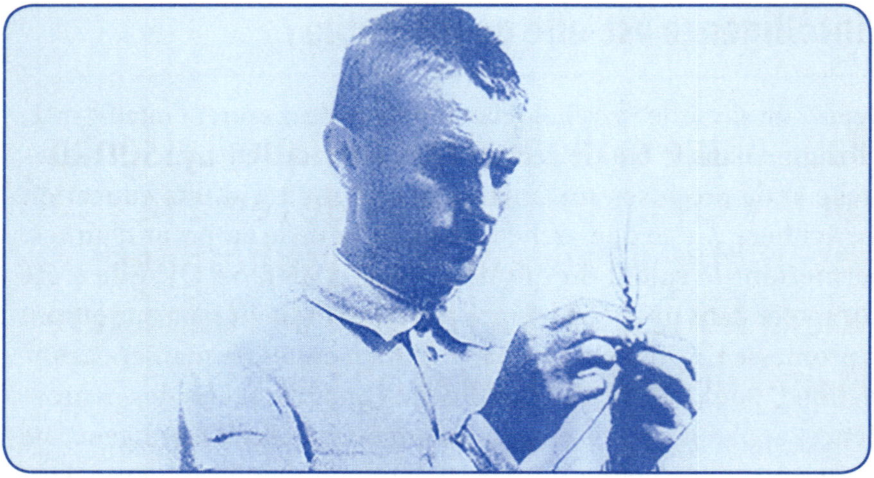

Lyssenko et la biologie prolétarienne

TYPE D'IMPOSTURE La mystification

DOMAINES SCIENTIFIQUES L'agronomie / La biologie / La génétique

OÙ ? En URSS

QUAND ? En 1948

CROYANCE Il est possible d'astreindre chaque forme animale ou végétale à se modifier dans le sens voulu par l'homme

PERSONNAGES PRINCIPAUX Trofim Denissovitch Lyssenko (technicien agricole), Ivan Vladimirovitch Mitchourine (botaniste), Nikolaï Vavilov (botaniste et généticien)

Pape d'une orthodoxie génétique, Lyssenko fut le « savant prolétarien » de l'empire soviétique. À cause de ses mystifications scientifiques, il fut à l'origine de l'imposture la plus dramatique du XXe siècle.

L'imposture que nous allons vous raconter est l'une des plus terrifiantes de l'histoire des sciences. La biologie, la génétique et l'agronomie d'un pays entier tombèrent en catalepsie pendant plus de trente ans. Une génération entière de biologistes fut mise à l'écart du monde de la recherche et le plus souvent emprisonnée, déportée ou assassinée. À l'origine de ce drame, un seul homme, porté par les dirigeants de son pays : Trofim Denissovitch Lyssenko.

Dans les pas de Mitchourine

Lyssenko est né en 1898 dans une famille pauvre de paysans ukrainiens. Diplômé de l'institut agricole de Kiev en 1925, il devient technicien agricole au lendemain de la mort de Lénine. Rien ne le prédestine à l'incroyable carrière qui va s'offrir à lui. C'est l'époque d'Ivan Vladimirovitch Mitchourine, botaniste russe protégé du régime, porté au rang de héros de la nation, qui défend l'idée que des plantes d'espèces différentes peuvent être croisées afin de produire des fruits hybrides ; ses certitudes fantasques, mais conformes à la vision marxiste du monde, émerveillent le régime soviétique. Notre ouvrier agricole voit en lui un modèle à suivre pour briller dans cette époque idéaliste où les théories l'emportent sur la validité expérimentale.

Le premier fait d'armes de Lyssenko est le seul qui ne relève pas de l'imposture : il démontre en 1927 que l'on peut astucieusement « convertir » une terre agricole en prairie, rendant le terrain utile pour l'alimentation des bovidés et permettant ainsi l'économie d'une production de fourrage. On le cite alors pour la première fois dans le journal du Parti communiste, la *Pravda*. Sans doute commence-t-il à prendre goût à la notoriété et à comprendre comment mettre en place une stratégie pour percer malgré l'obscurantisme communiste. Il lui reste à trouver l'élan indispensable pour entamer une carrière ambitieuse au sein du Parti. Il n'attendra pas bien longtemps.

Les débuts d'une carrière d'imposteur

En 1929, une occasion se présente : lors d'un congrès sur l'agriculture à Léningrad, Lyssenko prend la parole à la tribune afin d'expliquer la technique de vernalisation. Il prétend l'avoir inventé et promet qu'elle peut changer la productivité agricole de façon révolutionnaire. Les universitaires qui participent au congrès critiquent sévèrement l'intervention de Lyssenko, lui reprochant de s'approprier une méthode découverte près de cent ans auparavant aux États-Unis et de déformer ses possibilités limitées. Cependant, Lyssenko est un fils du peuple. A contrario, les scientifiques de l'époque sont des intellectuels bourgeois, souvent formés à l'étranger. Comme dans toutes les impostures scientifiques modernes, les médias ont une place prépondérante. Mais ici, en guise de cinquième pouvoir, un seul organe, la *Pravda*. Le journal national possède la particularité d'être l'unique source d'information écrite pour l'ensemble du peuple soviétique et en même temps, l'outil de propagande du pouvoir stalinien. En faisant le récit de cette querelle et en prenant le parti du jeune technicien agricole face aux élites universitaires bourgeoises, la *Pravda* permet la naissance de l'imposture.

Lyssenko a le bon sens de politiser un peu plus le débat en se protégeant derrière les thèses de son maître à penser, le jardinier botaniste élevé au rang d'éminent biologiste et héros de la nation, Mitchourine.

LA VERNALISATION

Cette méthode de production agricole vise à accélérer artificiellement le cycle de croissance d'une plante en provoquant une germination anticipée par humidification des graines, puis en bloquant cette germination par abaissement de la température (hivernage). Lorsque les graines sont enfin plantées, la germination reprend son cycle avec vigueur, tout en ayant déjà acquis de précieuses semaines de croissance.

Découvertes et impostures Portraits

Cette galerie de portraits pourra sembler ingrate à certains. Comment réduire Pasteur, Einstein ou Mendel à de vulgaires imposteurs, à quelques pages de Lyssenko, de Bonassoli ou d'Obokata ? Ces héros de la connaissance ont pourtant utilisé parfois le plagiat ou la manipulation de données. En cela, leur présence ici est justifiée. Mais ne nous trompons pas, ils restent des figures de l'Histoire des sciences, et leurs « impostures » ont fait progresser la connaissance. Ces quelques moments interlopes de leur existence permettront de les découvrir sous une lumière nouvelle, qui ne les rendra que plus humains et accessibles.

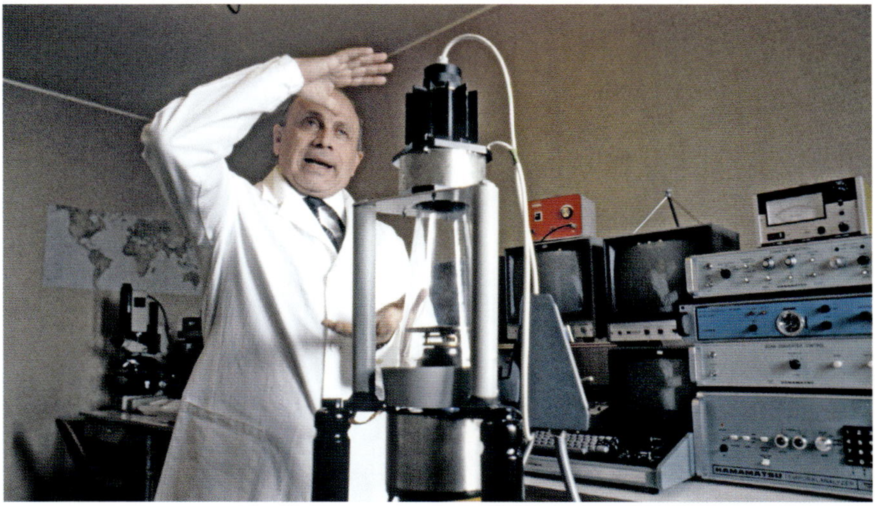

Aldo Bonassoli, l'inventeur des avions renifleurs, dans le laboratoire du CRF (Centre de Recherches Fondamentales) à Bruxelles, en 1979.

Haruko Obokata, un rêve de Nobel

❶ Obokata, vêtue du tablier de cuisine de sa grand-mère en guise de blouse, dans son laboratoire de l'Institut Riken au Japon, en janvier 2014.

❷ Obokata présentant ses excuses lors de la conférence du 9 avril 2014.

Le Rejuvenator d'Otto Overbeck

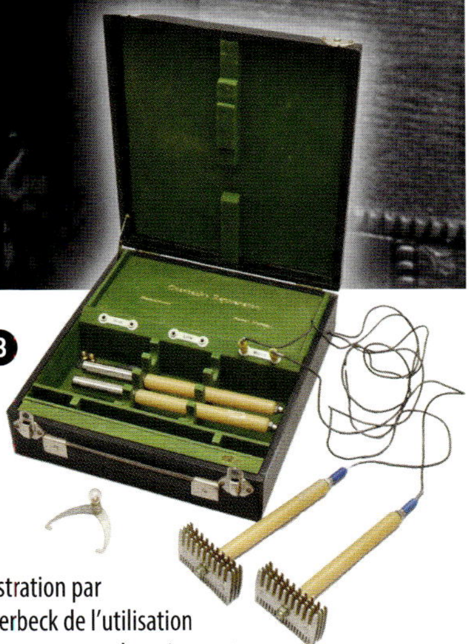

❶ Démonstration par Otto Overbeck de l'utilisation du Rejuvenator pour le traitement de la chute des cheveux, vers 1930.

❷ Les réclames conçues par Overbeck mettent en scène des femmes, car le public féminin est la principale clientèle du Rejuvenator. Photo extraite de « Santé et Rajeunissement » (1936).

❸ Le Rejuvenator est présenté dans un coffret luxueux et facilement transportable. Nordfjord Folkemuseum, Sandane (Norvège).

Louis Pasteur, entre légende et imposture

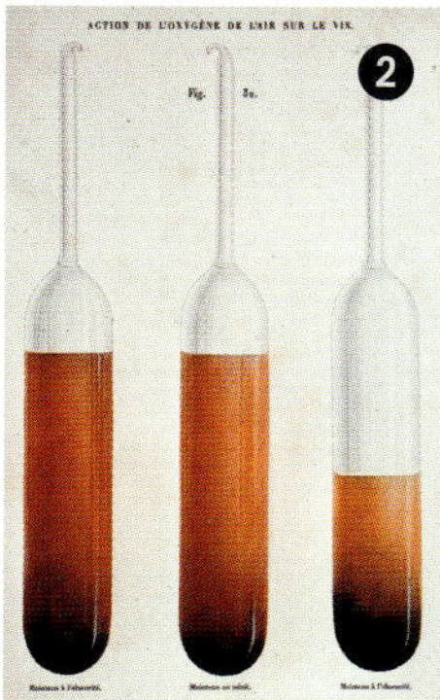

❶ *Louis Pasteur étudiant la fermentation du jus de raisins*, par Adolphe Jean Baptiste Callot. Maison natale de Pasteur, Dole.

❷ Expérience réalisée par Louis Pasteur : « l'action de l'oxygène de l'air sur le vin », 1866.

❸ Premier appareil employé par Louis Pasteur pour le refroidissement et la fermentation de la bière, vers 1870.

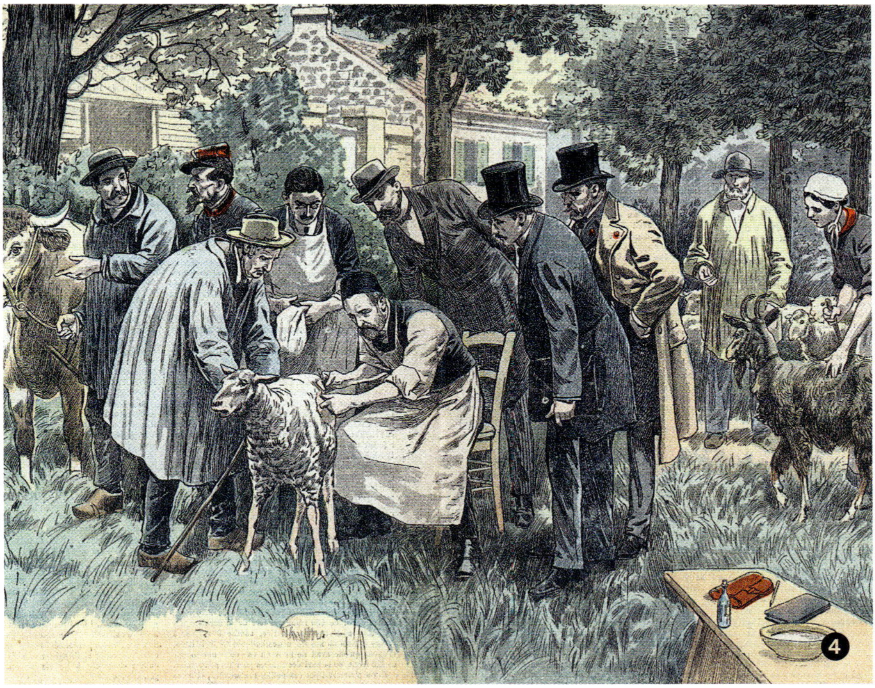

4 À la demande de la Société d'agriculture de Melun, Pasteur expérimente à Pouilly-le-Fort son vaccin contre le virus du charbon qui décime les cheptels de moutons, gravure coloriée par Eugène Damblans, 1922.

5 Pasteur administrant une vaccination contre la rage, années 1880.

6 Microscope qui aurait appartenu à Louis Pasteur, années 1860. Science Museum, Londres.

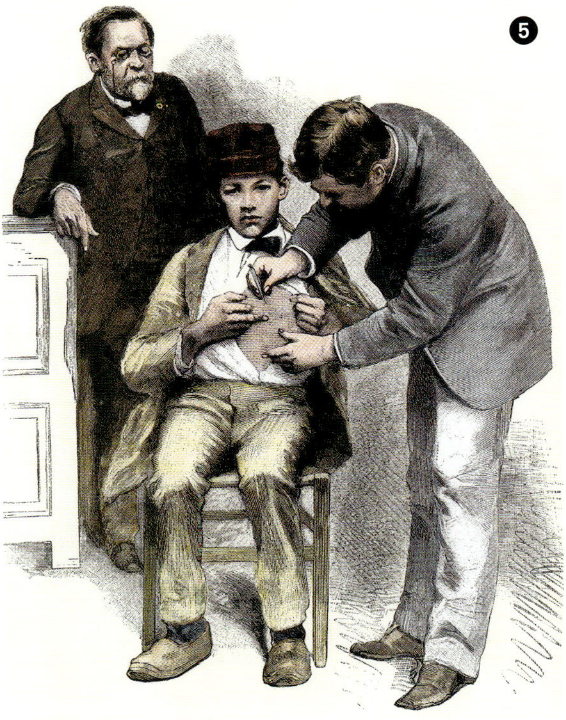

Les petits pois trop parfaits de Gregor Mendel

❶ Johann Gregor Mendel, par Mikhail Dmitrievich Ezuchevsky, 1926. State Darwin Museum, Moscou.

❷ Gregor Mendel (le deuxième debout, en partant de la droite) parmi les membres de la congrégation du monastère de Saint-Thomas, à Brünn.

Lyssenko et la biologie prolétarienne

1. Lyssenko, lors d'une session de l'Académie Lénine des sciences agronomiques, en août 1948, prend officiellement le pouvoir sur la communauté scientifique.
2. « Priorité aux récoltes soviétiques », affiche de propagande soviétique pour les fermes collectives, par Maria Voron, 1934.
3. Portrait officiel de Lyssenko au début des années 1950.

Le géant de Cardiff

❶ Affiche du cirque Barnum, début du XXe siècle. Library of Congress, Washington.

❷ Le géant de Cardiff exposé au Farmer's Museum de Copperstown, près de New York.

Roatán, une imposture archéologique nationale

❶ Reproductions à Maya Key (Roatán) de la stèle de K'ak' Yipyaj Chan K'awiil et de l'entrée d'une sépulture maya de Copán.

❷ Cette tête de pierre représentant un vieillard édenté est surnommée le « vieillard de Copán ». Elle est reproduite à Maya Key (Roatán).

Arthur Evans et l'invention de la civilisation minoenne

1 *Arthur John Evans, assis près des fouilles du palais de Cnossos*, par William Blake Richmond, 1907. Ashmolean Museum, Oxford.

2 Journal de voyage d'Arthur Evans, durant son voyage en Crète, 1896. Ashmolean Museum, université d'Oxford.

3 Reconstitution du « Mégaron de la reine » dans le palais de Cnossos d'après Arthur Evans in *Le Palais de Minos à Cnossos,* 1921.

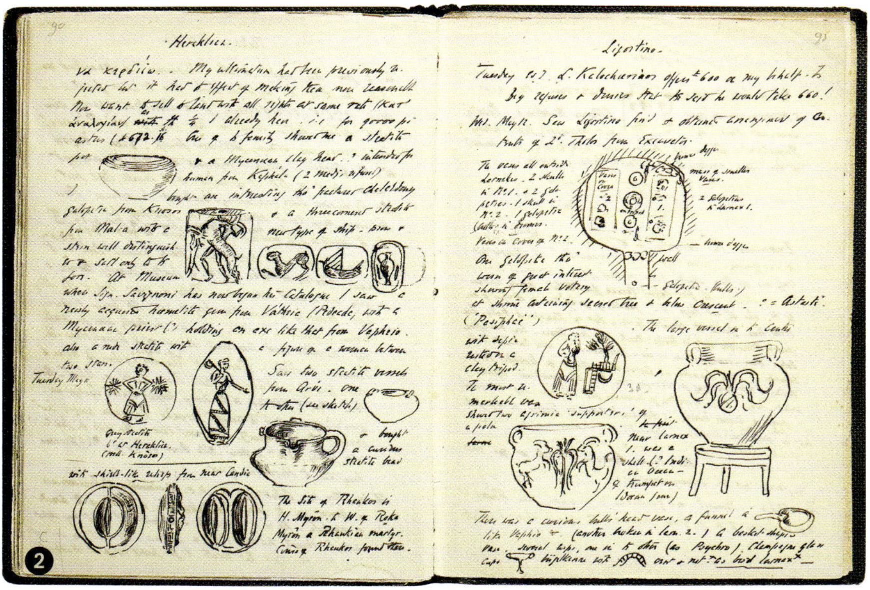

2

3

Einstein, le génie de la synthèse ?

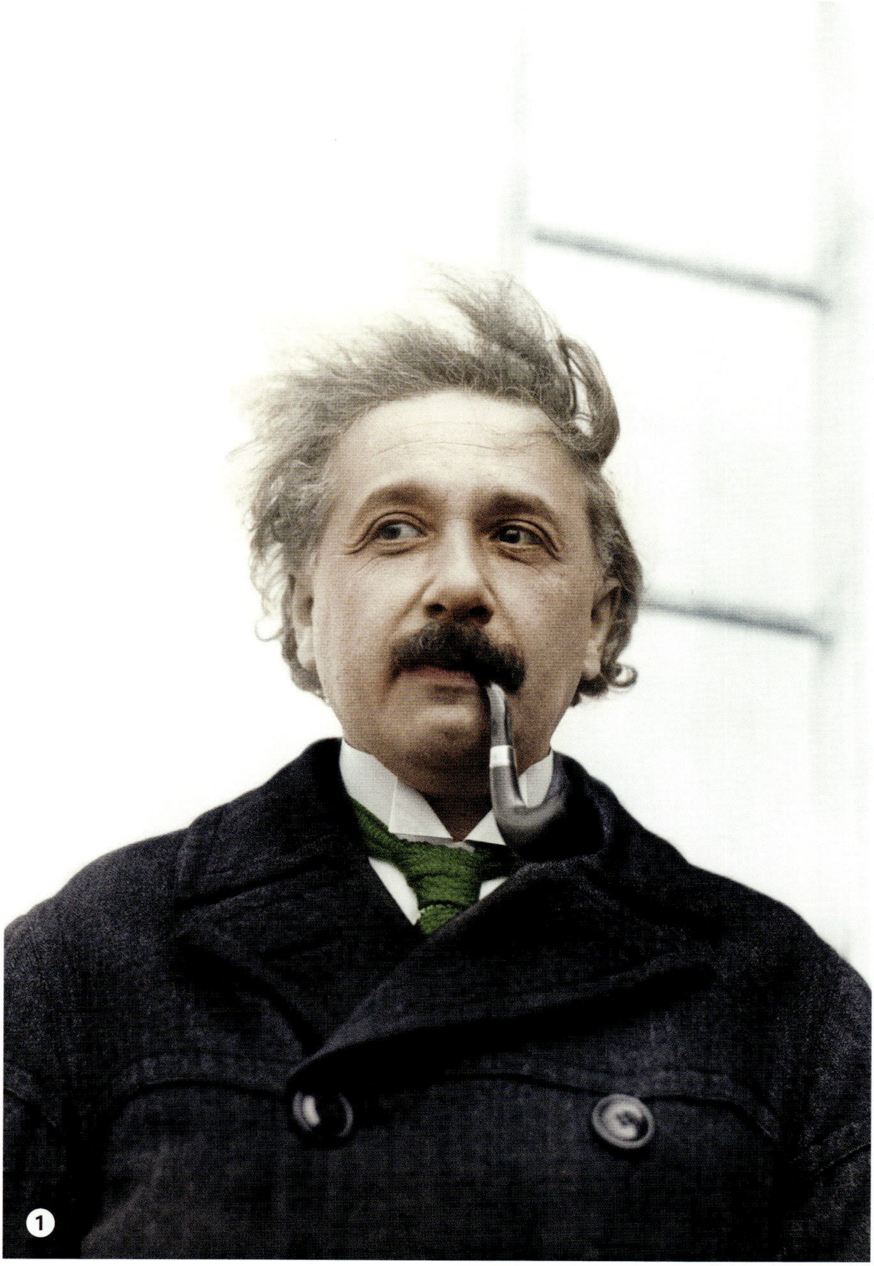

1 Portrait d'Albert Einstein dans les années 1930.

2 Albert Einstein (assis à l'extrême gauche) à l'école cantonale de Aarau en Suisse, 1896.

3 Henri Poincaré (assis à l'extrême droite) et Albert Einstein (debout, derrière lui) parmi les membres de la conférence Solvey de physique, Bruxelles, 1911.

4 Henri Poincaré à sa table de travail, vers 1905.

2

3

4

Le turc mécanique

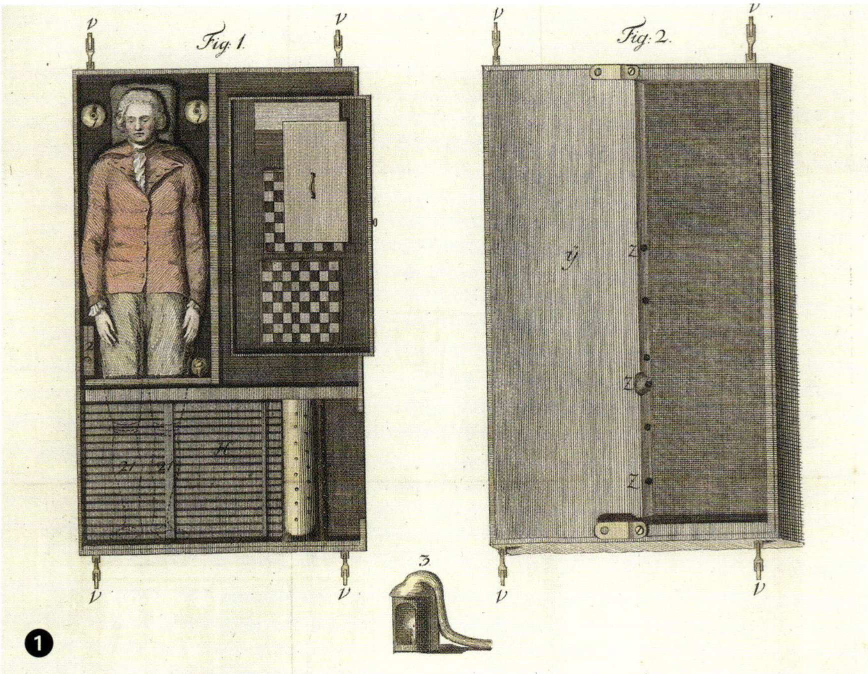

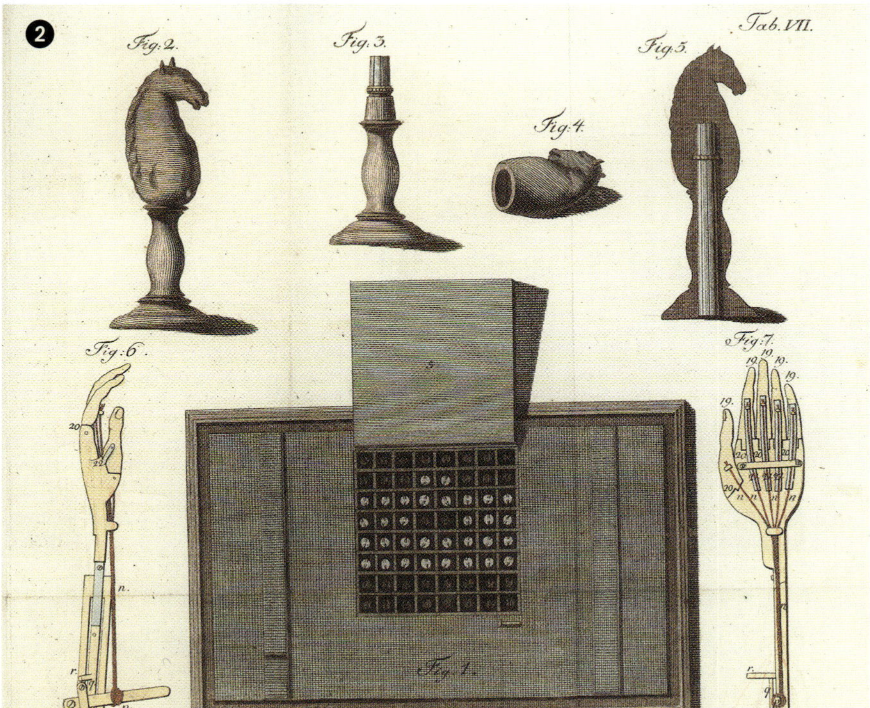

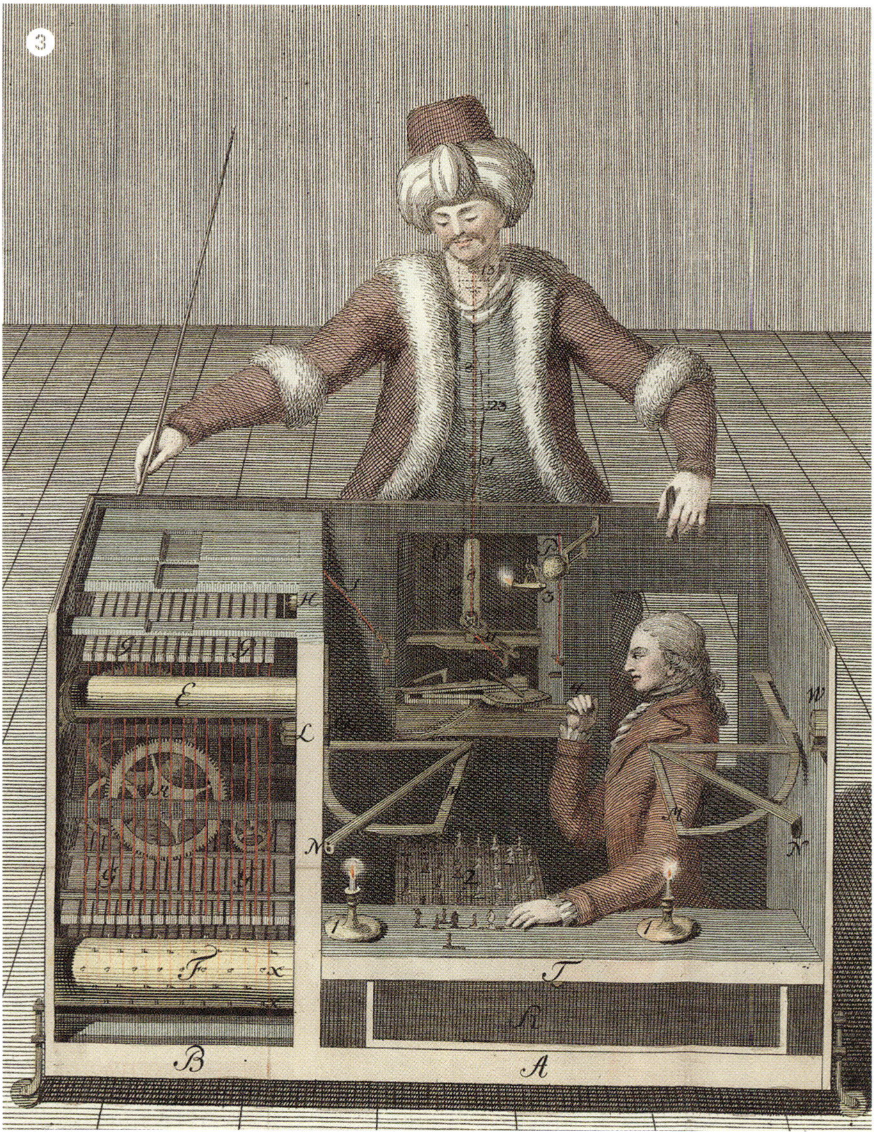

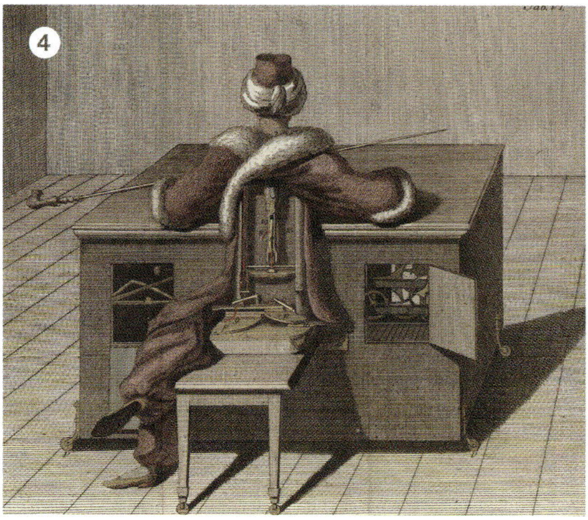

❶ à ❹ Planches extraites de *Über den Schachspieler des Herrn von Kempelen und dessen Nachbildung (À propos du joueur d'échecs de monsieur de Kempelen et de sa réplique)*, Leipzig et Dresde, Joh. Gottl. Breitkopf, 1789. Humboldt-Universität, Berlin.

L'aristocrate rêveur et le réparateur de télévisions

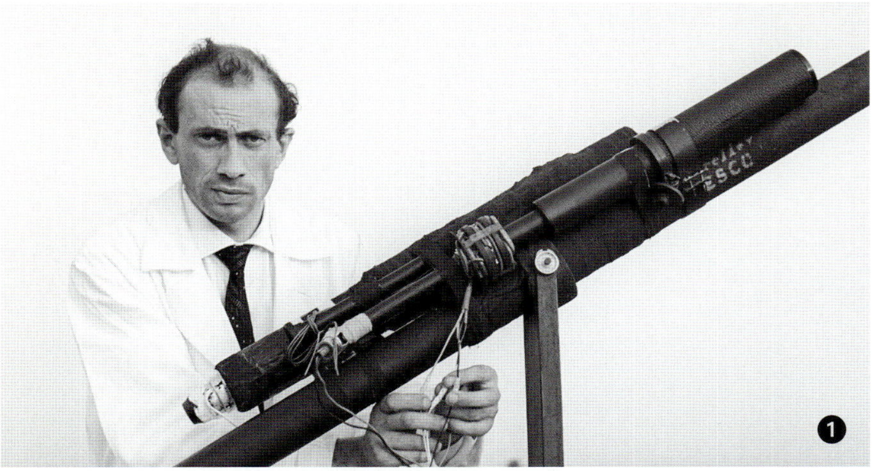

❶ Aldo Bonassoli et son télescope pour observer les satellites soviétiques et américains, années 1960.

❷ Aldo Bonassoli dans le laboratoire du CRF (Centre de Recherches Fondamentales) à Bruxelles, en 1979.

Il condamne ainsi les doctrines concurrentes héritées de la génétique occidentale mendélienne, jugée réactionnaire et capitaliste. Grâce aux travaux de Mitchourine qu'il associe à ses découvertes personnelles sur la vernalisation, on pourrait, assure-t-il, cultiver des céréales dans les terres froides ou polaires de Sibérie. Reste à mettre en scène la démonstration de ses thèses.

La démonstration de la vernalisation

Lyssenko demande à son père agriculteur de mouiller 48 kg de blé d'hiver. Ce dernier fait pousser le blé sur un terrain de 0,5 ha. À proximité, un blé de printemps cultivé sans intervention est également semé. L'histoire ne dit pas comment notre technicien agricole a manipulé la récolte du blé hiverné, mais elle se révèle étonnamment productive. Il le signale au ministère de l'Agriculture, qui envoie des émissaires dans la ferme familiale pour constater le phénomène. La carrière d'imposteur de Lyssenko, le génial inventeur de la vernalisation, est définitivement lancée. Le gouvernement le nomme la même année, directeur de l'institut de génétique d'Odessa, où l'on crée spécialement un département consacré à ses recherches sur la vernalisation.

> ***Grâce à Lyssenko, on espère trouver des solutions pour compenser les récoltes catastrophiques des années précédentes, dues à des hivers particulièrement rudes.***

Une imposture soutenue par les scientifiques russes

Le dissident russe Zhores Medvedev, biologiste et historien, justifiera bien plus tard l'ascension fulgurante du technicien agricole : « Les arguments rationnels contenus dans les premières publications de Lyssenko étaient soutenus par de nombreux scientifiques. [...] Le président de l'Académie des sciences d'alors, Komarov, le professeur Rikhter, l'académicien Keller et beaucoup d'autres physiologistes et botanistes jugèrent favorablement son travail. » Nikolaï Vavilov lui-même, l'un des grands noms de la biologie de l'entre-deux-guerres, soutient Lyssenko avec ferveur, saluant la vernalisation comme une découverte révolutionnaire de la science soviétique. La méthode de Lyssenko peut désormais se résumer en une opposition catégorique à toutes

LA BIOLOGIE MITCHOURINIENNE

Lyssenko n'a qu'un seul maître à penser, Mitchourine, un jardinier russe sans instruction, spécialiste de la greffe de plantes et du croisement d'espèces végétales. Science dite « prolétarienne », la biologie mitchourinienne défend le principe selon lequel il serait possible d'astreindre chaque forme animale ou végétale à se modifier dans le sens voulu par l'homme.

les théories scientifiques occidentales qui sont à l'origine de la biologie organique dite « classique ». Le chercheur britannique Walter Gratzer explique le succès et la longévité de cette imposture notamment par le fait que « la politique de collectivisation de Staline et une série de mauvaises récoltes avaient fait des millions de morts en Ukraine, dus à la famine ; les agronomes du pays étaient impuissants face à ce désastre et les bureaucrates, craignant la vengeance, s'agrippaient désespérément à chaque promesse de miracles ».

« Le professeur aux pieds nus »

En 1935 se tient à Moscou un congrès sur les fermes collectives, auquel le camarade Staline assiste en personne. Certaines critiques s'expriment avec ardeur : les promesses de Lyssenko se font attendre alors que la production agricole soviétique est au plus mal. On rapporte que les petits propriétaires agricoles s'opposent de plus en plus ouvertement à la collectivisation des terres. Devant une assistance interloquée, Lyssenko monte pieds nus à la tribune et déclame une nouvelle attaque contre la génétique classique : « Les *koulaks* de la science sont les ennemis du communisme » ; « Sur le front de la vernalisation, ne s'agit-il pas toujours de lutte des classes ? » ; « Un ennemi de classe est toujours un ennemi, qu'il soit ou non savant. » Cette dernière assertion déclenche l'enthousiasme du « petit père des peuples », qui clame haut et fort, dans un élan patriotique : « Bravo, camarade Lyssenko ! Bravo ! » En plus d'être un héros de la nouvelle science prolétarienne, Lyssenko s'affiche désormais comme un protégé intouchable de Staline. La *Pravda* le surnommera dès lors le « professeur aux pieds nus ».

> *« Des saboteurs trotskistes, rampant devant les derniers propos réactionnaires des savants étrangers. »*
> Lyssenko, à propos de ses contradicteurs

Le régime de la terreur

Lyssenko accède à des postes de plus en plus prestigieux et, en 1940, il est nommé directeur de l'institut de génétique de l'Académie des sciences, à la place du biologiste Vavilov. À compter de cette promotion, son pouvoir dépasse la sphère universitaire : Lyssenko devient le bras armé « anticapitaliste » de l'intelligentsia scientifique rattachée au KGB. Il se trouve quelques généticiens pour contredire les thèses de plus en plus folles du « professeur aux pieds nus ». Aussi prestigieux soient-ils, ces « saboteurs trotskistes, rampant devant les derniers propos réactionnaires des savants étrangers » sont aussitôt mis à pied. Son prédécesseur à l'Académie des sciences, Nikolaï Vavilov, qui a soutenu Lyssenko à ses débuts, émet un jour l'idée qu'il est dommage de se couper des travaux de recherche des autres biologistes du monde entier. Immédiatement soupçonné de trahison, il est arrêté et emprisonné par le KGB. Il mourra dans sa cellule en 1943.

Lyssenko, un criminel impuni

Trofim Denissovitch Lyssenko est né le 29 septembre 1898 à Karlovka (aujourd'hui en Ukraine). Toute sa carrière est portée par la volonté du Parti communiste soviétique de promouvoir une science nouvelle prolétarienne. Dès 1930, Staline le fait héros de l'Union soviétique. L'ascension de Lyssenko, protégé de Staline, ne connaît aucune limite. Pendant trente ans, il sème la terreur dans les milieux scientifiques de son pays en accusant tout contradicteur de trahison capitaliste. On lui décerne huit fois l'ordre de Lénine ; il reçoit également le titre de conseiller auprès du Soviet suprême, se voit nommé directeur de l'institut génétique de l'Académie des sciences d'URSS et enfin héros du travail socialiste. Il meurt en 1976, sans jamais avoir répondu de ses impostures scientifiques ni de ses crimes politiques.

LE LYSSENKISME

Entré dans le dictionnaire, ce terme désigne toute manipulation ou déformation de la méthode scientifique en vue de soutenir une conclusion prédéterminée, liée à un objectif politique.

En août 1948, lors d'une nouvelle session de l'Académie des sciences agronomiques, Lyssenko prend officiellement le pouvoir sur la communauté scientifique. Il présente un rapport préalablement approuvé par le Comité central du Parti communiste, dont l'objectif est de « bannir le hasard de la biologie ». Cette approbation de la plus haute instance soviétique donne à cette théorie une valeur quasi biblique. Le débat scientifique est désormais définitivement clos, avant même d'être engagé. À compter de ce jour, les généticiens se soumettent… ou contredisent la doctrine du Parti et deviennent des traîtres.

La fin du héros de la science prolétarienne

Staline meurt en 1953. Khrouchtchev et son gouvernement abandonnent le « système Lyssenko » de rotation des cultures, imposé avec autorité à l'ensemble de la filière agricole soviétique, mais incontestablement inefficace. Les méthodes américaines de production du maïs sont reprises. Pour apaiser les esprits, Lyssenko demeure en place, et Khrouchtchev le décore même en 1958 de l'ordre de Lénine, la distinction nationale la plus honorifique.

Le temps est enfin venu de faire le bilan de cette période absurde qui a causé tant de famines et de critiquer Lyssenko… sans risquer le goulag ! Après l'éviction de Khrouchtchev en 1965, on lui retire enfin son poste de directeur de l'institut de génétique à l'Académie des sciences. L'URSS retrouve progressivement ses repères dans les domaines de l'agronomie et de la génétique, après trente années terribles de lyssenkisme.

Le lyssenkisme et l'imposture de la « biologie de classe »

Lyssenko inventa le concept de « biologie de classe », qui s'oppose aux thèses de Gregor Mendel concernant la théorie chromosomique de l'hérédité. Il défend un retour aux idées originales du naturaliste Jean-Baptiste de Lamarck (1744-1829) sur la transmission des caractères acquis.

En effet, les théories de Lamarck selon lesquelles des caractéristiques génétiques peuvent être imposées à des plantes ou à des animaux par une intervention humaine convenaient parfaitement à la pensée marxiste, alors que la génétique mendélienne était « affreuse », car les individus se retrouvaient coincés dans un déterminisme naturel non contrôlable et difficilement évolutif. Plus la longue carrière d'imposteur de Lyssenko évolue, plus ses fulgurances scientifiques deviennent folles, inspirées par cette vision de « biologie de classe ».

> ***« Il est possible de donner naissance à une espèce végétale à partir d'une autre : l'orge peut devenir du seigle. »***
>
> Lyssenko

Selon lui, l'obtention de caractères voulus pour un organisme est désormais le fruit, non de la sélection naturelle, mystification bourgeoise, mais de la coopération entre individus.

Pendant la Seconde Guerre mondiale, Lyssenko dirige un projet forestier en Sibérie et impose une étonnante idée de « plantation en nids » de graines d'arbres afin de sauver la toundra du dessèchement. Les végétaux peuvent subir une « rééducation socialiste » et doivent être plantés en groupes pour que les éléments faibles se sacrifient au profit des plus forts : « On plante plusieurs graines dans chaque trou, les plantules qui en sortent seront trop nombreuses, mais la plupart d'entre elles se sacrifieront pour le bien de l'une d'elles. » On plante ainsi des chênes sur des centaines de kilomètres en Sibérie. Tous les plants d'arbres mourront dès la première année…

4 PHYSIQUE

La physique n'est pas qu'un enseignement scolaire ou universitaire, empreint de connaissances théoriques difficiles d'accès. C'est aussi une formidable aventure humaine qui a maintes fois bouleversé les fondements de notre perception du monde. Les physiciens sont des explorateurs de terres inconnues, de leurs profondeurs infinitésimales comme de leurs plus lointaines étendues spatiales. Avec des formules et des raisonnements, ils changent d'un trait de plume l'origine de l'Univers, permettent aux médecins d'explorer le corps humain, aux chimistes d'agencer la matière, aux astronomes de voyager dans les tréfonds de la galaxie, aux informaticiens de disposer d'une intelligence artificielle de plus en plus puissante, à tout un chacun de disposer de toujours plus d'énergie… Aucun domaine de la connaissance ne permet autant de renversements philosophiques ou culturels, tout en restant aussi concrètement entremêlé avec notre réalité quotidienne.

On serait presque déçu de découvrir des impostures conçues par nos esprits les plus brillants dans un champ d'études aussi généreux et éthéré. « Est-ce bien nécessaire ? » Et en effet, on constate que la physique nourrit peu l'imposture scientifique. Lorsqu'elle se manifeste, c'est plus noblement, à travers des erreurs entêtées (les rayons N de René Blondlot) ou d'éventuels plagiats par péché d'orgueil (la relativité restreinte d'Einstein) plutôt qu'avec les ressorts rudimentaires de la mystification…

Einstein, le génie de la synthèse ?

TYPE D'IMPOSTURE Le plagiat

DOMAINE SCIENTIFIQUE La physique théorique

OÙ ? En Suisse et en Allemagne

QUAND ? En 1905

CROYANCE Albert Einstein, en quelques mois, invente la théorie de la relativité, $E = mc^2$

PERSONNAGES PRINCIPAUX Albert Einstein (physicien), Henri Poincaré (mathématicien), Hendrik Lorentz (physicien), Max Planck (physicien)

Et si le légendaire génie des sciences Albert Einstein avait repris à son compte des découvertes préexistantes ? Ses principales victimes seraient, selon certains exégètes de la physique, le Néerlandais Hendrik Lorentz et le Français Henri Poincaré…

Berne, le 8 mars 1905. Il est presque 8 heures lorsqu'un jeune homme vêtu d'un complet à motifs écossais part à son travail, une enveloppe à la main. Un passant aurait pu remarquer que le jeune Albert Einstein était sorti en pantoufles brodées de fleurs, oubliant la désagréable rigueur quotidienne qu'impose le fait de lacer des chaussures… Il vient de laisser sa femme et leur bébé Hans-Albert dans leur petit deux-pièces situé dans le centre historique de la vieille ville de Berne pour gagner son bureau de l'Office fédéral de la propriété intellectuelle, l'Office des brevets. Entouré de ses collègues, il étudie en tant qu'expert technique de troisième classe les demandes d'homologation. Il vient de fêter son vingt-sixième anniversaire et il est depuis trois ans le « forçat des brevets », ainsi qu'il se décrira plus tard. Grâce à ce poste, il a enfin cessé de subir les aléas de la précarité et peut désormais offrir à sa famille un toit et une vie décente. Après avoir affranchi l'enveloppe avec les timbres du bureau, Einstein libelle ainsi l'adresse : « Monsieur le Rédacteur en Chef des Annales de la Physique ». *Annalen der Physik* est la plus prestigieuse revue scientifique pour les physiciens. L'article audacieux qu'il propose sera-t-il jugé hérétique ou révolutionnaire ?

La révolution est en marche

De son bureau de l'Office des brevets, Einstein prépare cinq travaux d'une importance considérable, dont quatre seront publiés dans la revue des *Annales de la physique* entre mars et septembre 1905, et le cinquième sera l'objet d'une thèse de doctorat, consacrée à une nouvelle méthode qui permet de mesurer la dimension des atomes.

Le premier article concerne les quanta (photons). Il y expose un point de vue révolutionnaire sur la nature corpusculaire de la lumière, par l'étude de l'effet photoélectrique. Einstein l'intitule : « Sur un point de vue heuristique concernant la production et la transformation de la lumière ». Il y relate ses recherches sur l'origine des émissions de particules, en se fondant sur les travaux du

Einstein, le génie ambitieux

Albert Einstein est né le 14 mars 1879 à Ulm, au sud-ouest de l'Allemagne. La légende populaire selon laquelle il mit plusieurs années avant de prononcer son premier mot est historiquement vérifiée. À l'âge de raison, son attitude surprend. Il prononce chaque phrase plusieurs fois. Les premières à mi-voix, avant d'énoncer la formulation verbale la plus parfaite. Il grandit dans un environnement populaire germanique souvent antisémite. Cela influence certainement son caractère solitaire et recueilli. Manquant d'empathie pour son entourage, il fait preuve en revanche d'une curiosité passionnée et d'une obstination absolue. Malgré son enthousiasme pour les sciences et de bons résultats scolaires, certains enseignants jugent que l'on ne fera rien de lui plus tard…

À seize ans, il rejoint ses parents à Milan avant d'intégrer l'École fédérale de Zurich. Sa vocation est établie, il veut devenir professeur de physique… et de mathématiques, bien qu'il réalise très vite à quel point il déteste cette matière.

Durant ces années zurichoises, le jeune Albert rencontre Mileva, sa future femme, qui aura un rôle central dans toute son existence. En 1900, il est reçu à l'examen du professorat, mais choisit finalement de se consacrer à sa passion en devenant physicien. L'accès à cette carrière est difficile, et son curriculum l'empêche de trouver un poste d'assistant dans une université. Mileva étant enceinte, il cherche à la hâte un emploi alimentaire qui lui permette de continuer parallèlement ses travaux de recherche en physique. C'est chose faite en décembre 1901, où il entre à l'Office des brevets de Berne. Il peut désormais s'adonner à ses recherches théoriques personnelles en toute quiétude…

physicien allemand Max Planck… qui n'est autre que son relecteur aux *Annales de la physique*.

Le deuxième article complète sa thèse de doctorat sur les atomes et propose une explication du mystérieux mouvement « brownien », décrivant l'agitation désordonnée de grains en suspension dans un liquide, et que la physique newtonienne peine encore à élucider. Einstein explique ce mouvement par une entorse complète au principe d'entropie (dégradation de l'énergie) tel qu'énoncé à la suite des travaux de Newton sur les forces mécaniques : selon lui, les molécules tireraient leur énergie cinétique de la chaleur. Cet article à la valeur scientifique extraordinaire ne fournit rien de moins qu'une preuve théorique – vérifiée expérimentalement quelques années plus tard par le physicien français Jean Perrin – de l'existence des atomes et des molécules.

Le mouvement brownien est expliqué au même moment qu'Einstein par le physicien polonais Marian Smoluchowski…

Son troisième article est encore plus important, il concerne une « électrodynamique des corps en mouvement avec une nouvelle théorie de l'espace et du temps », qui n'est autre que la célèbre théorie de la relativité. Einstein s'attaque au postulat d'un espace et d'un temps absolus, tels que définis par la mécanique de Newton, et à l'existence de l'éther, milieu interstellaire inerte censé transporter la lumière comme l'eau ou l'air soutiennent les ondes sonores dans leurs déplacements. Cet article, publié en juin 1905, mène à deux conclusions : l'éther n'existe pas, et le temps et l'espace sont relatifs.

Sans en parler à son entourage, il rédige à la dernière seconde un quatrième article d'une page et demie. La question posée par le titre « L'inertie d'un corps dépend-elle de son contenu en énergie ? » apporte une réponse célèbre : la formule d'équivalence masse-énergie, qui s'écrira bientôt $E = mc^2$. C'est un résultat de la toute nouvelle relativité restreinte, dont découle un vaste champ d'études et d'applications. Cet incroyable enchaînement simultané de découvertes révolutionnaires est inédit dans l'histoire des sciences. Albert Einstein réalise l'ambition folle de son projet : proposer aux phy-

siciens de son temps un moyen d'expliquer l'inexplicable, sans se fonder sur les théories préexistantes.
Le célèbre physicien Max Planck, conseiller scientifique aux *Annales de la physique*, est le premier à lire l'article sur « l'électrodynamique des corps en mouvement », qu'Einstein ne nomme pas encore « théorie de la relativité ». Bien qu'il soit en profond désaccord avec la théorie des quanta de lumière (le premier article), et malgré l'absence de sources bibliographiques ou de références externes, Planck laisse l'histoire se faire. Les articles sont validés et publiés.

Pour justifier son incroyable créativité de 1905, Einstein expliquera que cette année-là, une tempête se déchaîna dans son esprit.

Les travaux d'Henri Poincaré

Entre 1898 et 1905, un mathématicien français prestigieux, Henri Poincaré, travaille à l'analyse mathématique des problèmes de la physique de son temps. Il démontre et explique – à travers des interventions magistrales, des notes à l'Académie des sciences et des essais, étendus sur une période de sept ans – cinq postulats fondamentaux que l'on retrouvera dans les publications d'Albert Einstein en 1905.

- Le principe de relativité, d'après lequel « les lois doivent être les mêmes » pour tous les observateurs en mouvement uniforme les uns par rapport aux autres.
- L'espace est homogène. Ce caractère se manifeste par l'indiscernabilité des points (ils se confondent).
- L'espace est isotrope. En optique par exemple, ce postulat implique la constance des propriétés du milieu, quelle que soit la direction d'un rayon lumineux. Ce qui revient à dire qu'il n'est jamais dévié ni ralenti par sa direction.
- Le temps physique doit être homogène dans chaque référentiel. Selon Poincaré, il n'y a pas de temps absolu, et sa définition nécessite la synchronisation des horloges à l'aide de signaux lumineux.
- La causalité entre les phénomènes est maintenue avec la relativité restreinte. Et la chaîne de causalité reste chronologique, comme en physique traditionnelle.

Selon certains historiens, Einstein a repris les postulats fondamentaux de Poincaré pour les intégrer dans ses études, sans jamais y faire référence.

Selon de nombreux physiciens, mais également l'auteur parfois controversé Jules Leveugle, qui tente de réhabiliter la mémoire de Poincaré, tous ces postulats suffisent à démontrer que la relativité restreinte aurait été injustement « accaparée » par Einstein, qui en revendique la totale paternité. Poincaré utilisa également ses propres postulats pour « transformer » les équations de Lorentz (*cf.* Pour aller plus loin, p. 145), qui seront également reprises par Einstein, sans contestation historique dans ce second cas.

MAX PLANCK

Le physicien allemand sera bientôt l'un des fondateurs de la mécanique quantique. Il conceptualise l'histoire de l'Univers, en formulant ses origines. Il calcule ainsi la limite théorique de l'Univers, longueur ultime au-delà de laquelle il n'est plus possible d'aller : 10^{-33}, c'est le célèbre « mur de Planck ».

Le cas de $E = mc^2$

L'idée d'un équivalent de la masse ou de la matière et de l'énergie a émergé progressivement depuis la fin du XIXe siècle. En 1900, Poincaré énonce qu'une radiation électromagnétique d'énergie E est douée d'une masse m telle que $m = E/c^2$. Vers la fin de l'année 1905, Einstein arrive au même résultat : la masse d'un corps est une mesure de son contenu en énergie ; si son énergie varie de E, sa masse varie dans le même sens, de E/c^2. Planck critique pourtant cette démonstration. C'est lui qui finit par donner la première démonstration satisfaisante de la formule finale $E = mc^2$ (qui n'est pas écrite ainsi dans l'article d'Einstein !).

Cette équation a fortement marqué les esprits, car elle montre que, du fait de l'énormité du facteur c^2, la vitesse de la lumière au carré, une masse même minuscule peut dégager une quantité considérable d'énergie. Par exemple, 1 g de matière que l'on annihilerait par collision avec de l'antimatière correspond à environ 10^{14} joules, soit approximativement l'énergie dégagée par les premières bombes nucléaires. En résumé, la première formulation mathématique équivalente à $E = mc^2$ a bien été publiée en 1900 par Henri Poincaré dans son mémoire *La Théorie de Lorentz et le principe de l'action et de la réaction*. Cependant, c'est Einstein qui lui a donné toute sa dimension et son importance dans sa publication de 1905. Mais sa démonstration et son aspect ayant été finalisés par Planck, quelle paternité lui attribuer ?

La controverse historique

Albert Einstein, à la fin de sa vie, se justifiera ainsi : « Il est hors de doute que si l'on jette un coup d'œil rétrospectif sur son évolution, la théorie de la relativité était mûre en 1905. Lorentz avait déjà découvert, par l'analyse des équations de Maxwell, la transformation qui porte son nom. De son côté, H. Poincaré a pénétré plus profondément dans la nature de ces relations. Quant à moi, je n'avais connaissance, à cette époque, que de l'œuvre importante de 1895 de Lorentz, mais non de ses travaux ultérieurs et, pas davantage, des recherches consécutives de Poincaré. En ce sens, mon travail de 1905 est indépendant. » Einstein aurait donc été capable de refaire les travaux mathématiques de Poincaré sur l'équation de Lorentz, malgré ses difficultés en mathématiques théoriques, en parallèle de ses autres travaux, tous publiés en même temps…

> ***Pour la revue* Annales de la physique,**
> ***Einstein fait la veille permanente en 1904 et 1905***
> ***des autres publications étrangères.***

En 1904, le jeune Einstein alors doctorant, en plus de son emploi au bureau des brevets, décroche une mission de pigiste aux *Annales de physique*. Parmi les revues internationales qu'il étudie, figurent selon l'auteur Jean Hladik, les *Comptes rendus hebdomadaires des séances de l'Académie des sciences* [de Paris], qui publie en 1905, cinq semaines avant la parution de l'article d'Einstein, la note de Poincaré sur la relativité restreinte. Si ce fait est exact, Einstein est-il sincère lorsqu'il prétend ne jamais avoir lu cette note ? Comment réunit-il les ressources intellectuelles mathématiques et théoriques pour rédiger si rapide-

Henri Poincaré, un mathématicien trop modeste…

Henri Poincaré est né en Lorraine, à Nancy, en 1854. Reçu premier à l'École polytechnique de Paris en 1873, puis du corps des Mines en 1877, il présente l'année suivante sa première note à l'Académie des sciences, dont le sujet est sa thèse de doctorat en mathématiques. Renonçant à une carrière d'ingénieur, le jeune mathématicien choisit l'enseignement. Professeur en mathématiques à Caen et à la Sorbonne, il devient titulaire de la chaire de mécanique physique et expérimentale en 1885, de physique mathématique en 1886 et enfin de mécanique céleste. Il est admis à l'Académie des sciences dès 1887, alors qu'il n'a que trente-trois ans… Son génie fut d'apporter l'analyse mathématique qui manquait à la mécanique, à la physique et à l'astronomie de son temps, sans être pour autant un physicien. Son dévouement à la cause scientifique et sa modestie légendaire s'illustrent par le fait qu'il préféra donner le nom des scientifiques qui avaient inspiré ses recherches plutôt que le sien à quelques-unes de ses principales formules, comme ses fonctions fuchsiennes en l'honneur du mathématicien Lazarus Fuchs, les groupes kleiniens en hommage au mathématicien Felix Klein, l'équation qui unifie les formules de Maxwell sur l'électromagnétisme, « la transformation de Lorentz », du nom du physicien dont il corrigea les équations. Ce rapport à la notoriété et son extrême sobriété justifieront son accueil enthousiaste lors des publications d'Einstein en 1905 : seules les idées comptent, non les personnes. Il meurt précocement en 1912 à l'âge de cinquante-huit ans, laissant à la postérité un essai paru en 1902, *La Science et l'hypothèse*, et son ouvrage destiné au grand public, *La Valeur de la science,* paru en 1905. Ces deux références de la littérature scientifique sont toujours lues et étudiées de nos jours.

ment, in extremis, une cinquième publication aussi révolutionnaire cinq semaines seulement après Poincaré ?
Hendrik Lorentz écrira en 1921 : « Je n'ai pas établi le principe de relativité comme rigoureusement et universellement vrai. Poincaré,

au contraire, a obtenu une invariance parfaite des équations de l'électrodynamique et il a formulé le postulat de relativité, terme qu'il a été le premier à employer. » Pourtant, Einstein ne citera dans ses travaux ni Lorentz ni Poincaré…

Le « mobile du crime », symptomatique de l'imposture, serait dans le cas présent, la carrière universitaire et la quête de reconnaissance, ce qui serait une justification banale pour un plagiat, au regard de l'histoire contemporaine des sciences. Einstein n'a pas suivi le cursus lui permettant d'accéder au titre de professeur d'Université. Il se sent exclu de ce milieu. En lieu et place, il travaille dans une administration. Son ambition pourrait justifier qu'il fasse un coup d'éclat en publiant des articles remarqués, lui ouvrant ainsi, de la manière la plus prestigieuse qui soit, les portes de la recherche. Et c'est ce qui arriva.

Il est l'heure pour l'auteur de prendre parti ! Si l'on considère la définition contemporaine de l'imposture, la rigueur actuelle des revues scientifiques, qui imposent aux chercheurs de citer leurs sources, et l'ampleur étonnante des résultats obtenus par Einstein, on ne peut l'absoudre et penser qu'il est seul à l'origine de tous ces résultats. Il semble indiscutable qu'il ait fait la synthèse et unifié les publications de ses confrères. Cela vient-il démentir le génie d'Albert Einstein ? Est-il pour autant un mystificateur ? Certainement pas ! Sa vision synthétique et la suite de sa carrière n'en font pas un vulgaire faussaire. C'est bien un génie qui est à l'œuvre, à l'intuition inégalée, mais sa biographie mériterait d'être moins légendaire en recontextualisant ses découvertes de 1905 et en rendant à Lorentz et à Poincaré ce qui leur revient. Einstein fut l'un des plus grands théoriciens de la physique de son temps, mais certainement pas le dieu des sciences que l'on nous impose. Gageons que les historiens finiront par rectifier cette perception déformée dans les prochaines décennies… À moins que, à l'instar de Ptolémée et de Newton, qui reprirent à leur compte également les travaux d'autres savants, de Pasteur, qui devint un emblème pour la recherche médicale malgré ses plagiats, on ne préfère s'en tenir au romantisme de légendes populaires qui servent aussi à leur manière la cause de la recherche scientifique.

Formuler sa propre opinion sur le possible plagiat de Poincaré par Einstein

Différentes hypothèses opposent les historiens concernant un possible plagiat d'Einstein. Les voici résumées en trois points, selon que l'on se place du point de vue d'Einstein ou de Poincaré. Elles s'associent facilement et permettront au lecteur, au terme de la lecture de ce chapitre, de développer sa propre idée de la controverse…

Hypothèses concernant Einstein :

1. Einstein a découvert la relativité restreinte en ignorant totalement les résultats précédents de Poincaré.
2. Einstein a été influencé de manière décisive par les résultats de Poincaré (voire, les aurait plagiés) et n'aurait jamais pu aboutir sans ceux-ci. Il élude volontairement la citation des travaux de Poincaré et de Lorentz dans sa publication, entrant ainsi dans la catégorie des imposteurs.
3. Einstein a été influencé de manière non décisive par les travaux récents de Poincaré et de Lorentz, dont il avait connaissance. Peu importe, puisqu'il est arrivé aux mêmes résultats. Pourquoi glorifier un autre ?

Hypothèses concernant Poincaré :

1. Poincaré était un mathématicien. Il n'a pas compris sur le moment (ou peut-être même jamais) la signification physique profonde des transformations de Lorentz et l'essence de la relativité restreinte. Son apport est purement mathématique.
2. Poincaré a compris les conséquences physiques et aurait pu formuler clairement la relativité restreinte, mais il a préféré laisser cette opportunité à des physiciens, ne maîtrisant pas tous les aspects théoriques de cette discipline.
3. Poincaré a compris les conséquences physiques et a formulé en premier la relativité restreinte grâce à Lorentz. Mais il lui importait peu qu'Einstein ou un autre les reprennent à leur compte. L'essentiel étant de faire avancer les idées et non les carrières.

L'histoire de la relativité

Se familiariser avec la notion de relativité et de son histoire est indispensable pour comprendre la révolution initiée par Albert Einstein. La relativité est intimement liée aux fondements de la physique et à la perception du monde, et chaque découverte fut une révolution autant scientifique que culturelle.

De Ptolémée à Newton

La relativité fait son apparition dans l'Antiquité, au IIe siècle après J.-C., avec le savant Ptolémée. Pour lui, la Terre est le centre de l'Univers. Tous les phénomènes astronomiques sont liés à ce centre. Il faudra attendre pas moins de mille cinq cents ans pour que Copernic change cette perception : il décentre l'Univers de Ptolémée, préférant faire graviter la Terre sur un cercle autour du Soleil. C'est la fameuse révolution copernicienne, dont les conséquences seront autant philosophiques qu'astronomiques…

La révolution s'accélère avec Johannes Kepler. Vers l'an 1600, l'astronome allemand précise que les planètes se meuvent sur des ellipses et non sur des cercles. Le Soleil de Copernic n'est plus au centre du monde, mais au centre des foyers d'une ellipse (il n'y a pas de centre dans une ellipse, mais deux foyers).

C'est Galilée qui, en 1623, met en équation la relativité du mouvement de toute chose.

Assis dans un bateau, on a la perception de l'immobilité, car la référence du mouvement est relative. Si on laisse tomber un objet dans l'eau, alors sa trajectoire est influencée par la distance parcourue par le navire entre le début et la fin de la chute ; elle est également relative selon le repère : la mer ou le plancher du bateau. Ce sont ces translations « relatives » que formula en son temps Galilée, dans ce qui peut être considéré comme les fondements mathématiques de la relativité. Newton y ajouta vers l'an 1700 la notion de temps absolu et relatif. Une durée est absolue. Un jour ou un mois, dont la mesure expérimentale varie systématiquement, sont relatifs. Et il ajoute que les mouvements et les trajectoires peuvent être influencés par des forces externes (relatives). Newton conceptualise des équations pour permettre à ces théories d'être exploitées par les physiciens. Et de même que les vitesses peuvent être relatives ou absolues selon leur référentiel, elles peuvent s'additionner : si je marche sur un bateau, ma vitesse réelle par rapport à la mer est égale à ma vitesse sur le pont du bateau, plus celle du bateau.

La vitesse de la lumière

C'est cette loi d'addition des vitesses, fondement de la physique classique, qui va poser le plus de problèmes aux physiciens du XXe siècle pour appréhender la relativité. En effet, dès la seconde partie du XVIIIe siècle, la lumière est définie comme une onde dont on estime la vitesse à 300 000 km/s. Maxwell énonce au siècle suivant une théorie générale qui unifie les phénomènes de l'électricité, du magnétisme et de la lumière : l'électromagnétisme. Les ondes électromagnétiques ont une longueur variable, mais une même vitesse, celle de la lumière. Des expériences menées par deux physiciens britanniques, Michelson et Morley viennent bouleverser en 1887 ces notions difficilement acquises au fil de l'histoire des sciences. Ces derniers tentent d'établir les propriétés de l'éther (l'espace) avec la lumière. Pour cela, ils font une expérience d'optique pour mettre en évidence la différence de vitesse de la lumière entre deux directions perpendiculaires et à deux périodes espacées de six mois, et concluent que cette différence est, à leur grande surprise, bien inférieure à ce que le dispositif permettait de mesurer. Ce résultat a conduit les physiciens à mettre en doute l'existence de l'éther, qui était supposé être le support matériel des vibrations ou du mouvement d'une onde lumineuse. Cela montrait également que la vitesse de la lumière était la même dans toutes les directions. La relativité galiléenne et newtonienne est définitivement remise en cause. L'interprétation du résultat de cette expérience donne lieu à une débauche d'imagination chez les physiciens. Et c'est cette question fondamentale pour la physique théorique que le jeune Einstein, plein d'ambition, souhaite « régler » en ce début de XXe siècle. Les mêmes anomalies expérimentales s'appliquant à l'ensemble des lois de Maxwell qui définissaient les ondes, il faut alors nécessairement rebâtir les fondements d'un édifice élaborés avec les axiomes de la physique de Newton et de Galilée. Les transformer. Le physicien néerlandais, Hendrik Lorentz va chercher une nouvelle transformation qui rende invariantes les équations désormais erronées de Maxwell. Il passe cependant à côté de la solution. Reprenant ses travaux, Poincaré, le premier, transforme ces équations pour les rendre fonctionnelles dans l'environnement physique des ondes. C'est la relativité restreinte. Selon certains historiens des sciences, le jeune Albert Einstein fera la synthèse de ces travaux épars en les réunissant dans ses publications de 1905.

Le lecteur pardonnera à l'auteur l'ambition scientifique limitée d'un tel chapitre. La présentation des travaux de Poincaré et la comparaison détaillée qu'elle implique avec les publications d'Einstein relevant de la physique théorique, ne peuvent être présentées sans appeler de nombreuses définitions et formules, elles-mêmes remises en perspective dans l'histoire des sciences. L'ouvrage entier n'y suffirait pas. Nous avons donc privilégié une présentation plus factuelle (et donc nécessairement incomplète), scientifiquement simplifiée à l'extrême (et donc peut-être inexacte aux yeux des spécialistes), en recommandant aux lecteurs les plus courageux les références bibliographiques fournies à la fin de cet ouvrage…

La vitesse de la lumière selon Einstein

La théorie de la relativité restreinte pose comme postulat que la vitesse de la lumière est la vitesse maximum qu'un objet peut atteindre, et que cette vitesse est toujours la même, un peu moins de 300 000 km/s dans le vide.

Dans l'exemple ci-contre, deux personnages émettent un signal lumineux vers l'avant, au moment où ils se croisent. Seule la théorie de la relativité restreinte permet de démontrer que la vitesse de la lumière émise dans le train n'est pas plus élevée que celle de la lumière de la lampe sur le quai, et ce, malgré la vitesse du train. Les deux rayons sont identiques et atteignent l'extrémité du wagon en même temps. Pourtant, vue du train, la lumière émise dans le wagon ne parcourt que la longueur du wagon. Alors que, vue du train, elle parcourt – en plus – la distance générée par son mouvement… Bienvenue dans la relativité restreinte d'Einstein !

Le rayon N de René Blondlot

TYPE D'IMPOSTURE L'erreur

DOMAINE SCIENTIFIQUE La radiographie

OÙ ? En France

QUAND ? Entre 1903 et 1905

CROYANCE En marge du rayon X, il existe un rayon N aux propriétés extraordinaires

PERSONNAGES PRINCIPAUX René Blondlot (physicien), Robert Wood (physicien), Augustin Charpentier (physicien et ami de Blondlot)

En 1903, René Blondlot annonce la découverte d'un nouveau type de rayon : le rayon N, en l'honneur de sa ville de Nancy. Devenu une fierté nationale, le physicien reçoit le soutien de l'Académie des sciences et des médias malgré son erreur évidente, qui vire à l'imposture par obstination.

Le récit de l'imposture de René Blondlot apparaît passionnant à plus d'un titre. Il prend son origine au tout début du XXe siècle, un moment unique dans l'histoire de la physique, marqué par des découvertes révolutionnaires sur les ondes et la lumière. En outre, l'affaire se situe en Lorraine, une terre meurtrie par la guerre franco-prussienne de 1870, où le nationalisme des élites intellectuelles françaises et le régionalisme prolorrain ne font pas bon ménage avec l'impartialité scientifique des physiciens allemands. Ce contexte social exalté explique sans doute l'ampleur prise par cette imposture. Et finalement, c'est en tant « qu'erreur remarquable » que l'affaire marquera l'histoire des sciences. Elle est le fruit empoisonné de l'autosuggestion d'un savant et des excès de l'amitié confraternelle que se réservent les universitaires entre eux…

En 1903, les récentes révélations sur les différents champs électromagnétiques et la radiographie rendent les physiciens fébriles. Le XIXe siècle avait vu, à ses débuts, la découverte de l'ultraviolet et de l'infrarouge. Il se termine avec une série de grandes avancées qui vont tout bousculer. On peut citer les travaux de James Maxwell, qui formule mathématiquement l'électromagnétisme en 1862 ; ceux de Heinrich Hertz, qui découvre en 1888 les célèbres ondes qui portent son nom ; et surtout ceux du physicien allemand Wilhelm Röntgen, qui, en 1895, établit l'existence d'un rayon électromagnétique ionisant invisible, capable d'impressionner une plaque photographique et de traverser certaines matières. Ce dernier réalise par la suite les premières radio-

René Blondlot, un savant reconnu

René Prosper Blondlot est né à Nancy le 3 juillet 1849. Son père, Nicolas Blondlot, était professeur émérite à l'école de médecine. René devient docteur ès sciences en 1881, et il est nommé l'année suivante professeur de physique à la faculté des sciences de Nancy. C'est un chercheur reconnu et un expérimentateur habile dans une discipline particulièrement prometteuse en cette fin de XIXe siècle : celle des rayonnements électromagnétiques. Ses travaux sont récompensés de deux prix de l'Académie des sciences dans les années 1890, jusqu'à la consécration d'alors, le prix Leconte, qui lui est remis en 1905. Mais à cette date Blondlot est en pleine tourmente, et les académiciens choisissent la prudence : ils récompensent l'ensemble de sa carrière, plutôt que la découverte des rayons N, contrairement à ce qui était prévu…

graphies de la structure osseuse d'un être vivant. Les « rayons X » sont nés. La physique fondamentale offre à la médecine une avancée considérable. Cette même année 1895, le Français Henri Becquerel identifie par hasard les propriétés radiantes de l'uranium et découvre ainsi le principe de la radioactivité. Il partagera en 1903 son prix Nobel avec les époux Curie, qui développeront ses études. C'est dans ce climat d'effervescence scientifique que se situent les travaux et la découverte du physicien de l'université de Nancy René Blondlot.

Suite à un enchaînement de découvertes historiques, les physiciens des premières années du XXe siècle ne jurent plus que par les rayons et les ondes !

Blondlot découvre un nouveau rayon !

Blondlot est l'un des grands spécialistes français des ondes électromagnétiques. Il étudie dans son laboratoire les effets des rayons X découverts par l'Allemand Röntgen quelques années auparavant. Il cherche à savoir si le rayonnement X est polarisé, c'est-à-dire orienté par un courant continu. Pour mener cette expérience de pointe, il étudie la variation lumineuse d'une étincelle soumise au rayon. Le détecteur de rayons utilisé est un éclateur : deux électrodes se font face et génèrent un arc électrique permanent. Dans son rapport à l'Académie des sciences, Blondlot explique : « Une petite étincelle électrique est la source lumineuse la plus appropriée à ce genre de recherches : d'une part, elle est très sensible aux rayons et d'autre part, on peut la maintenir aussi longtemps qu'il est nécessaire à la même intensité. » C'est l'étude à l'œil nu de cette étincelle qui sera à l'origine de ses erreurs. Mais pour l'heure, sûr de la fiabilité de sa démarche expérimentale, Blondlot observe, à sa grande surprise, une variation lumineuse en l'absence certaine de tout rayonnement X. Ce sursaut d'intensité, signe qu'un champ électrique transfère de l'énergie à l'étincelle, ne peut qu'être imputé à l'action d'une autre forme de rayonnement ! Le physicien répète alors l'expérience avec de nouveaux détecteurs (plaques photographiques, pastilles phosphorescentes) et constate que ces radiations inconnues traversent le bois, le papier, mais se trouvent déviées par les métaux.

Blondlot est formel, ce sont des rayons inconnus jusqu'alors ! Il les nomme « N » en hommage à l'université de Nancy, où il est professeur.

En quelques mois, il établit une liste d'objets qui émettent naturellement ces nouveaux rayons : des pièces métalliques ou des cailloux chauffés par le soleil, des gaz liquéfiés, des vibrations sonores, des tissus végétaux, des substances odorantes… Et fin 1903, il est rejoint dans ses expériences par son ami nancéien Augustin Charpentier, professeur de physique médicale et ophtalmologiste. Selon ce dernier, les rayons N sont aussi émis par les tissus organiques, les muscles tendus, les centres nerveux situés dans l'encéphale. Pourra-t-on voir le cerveau fonctionner, les rayons N irradiant la pensée ? Expliquer scientifiquement la télépathie et certains phénomènes psychiques ? Charpentier se persuade aussi de la possibilité de radiographier le muscle cardiaque ou de pratiquer des explorations fonctionnelles du corps humain, imaginant avant l'heure l'échographie… De plus, il remarque que l'œil soumis aux rayons N voit son acuité augmenter…

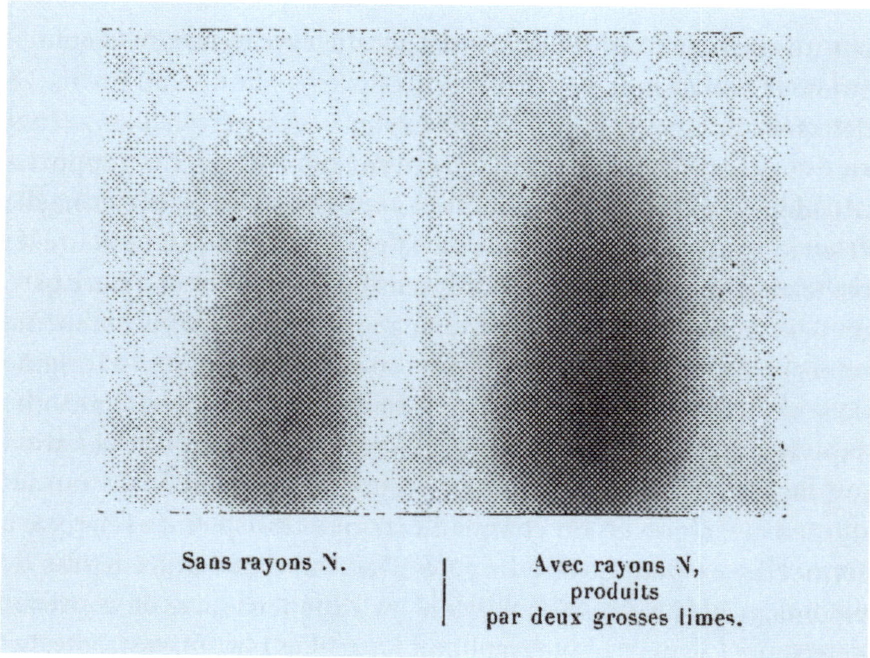

Photographies publiées par René Blondlot dans les *Comptes rendus de l'Académie des sciences* en 1904. L'erreur d'expérimentation repose sur l'interprétation subjective de la photographie de droite : l'augmentation de la luminosité de l'étincelle prouverait l'existence du rayon N.

Pour un médecin, ce serait bien plus qu'un simple outil de diagnostic : un instrument clinique quasi miraculeux. La presse locale s'enflamme. Le professeur Blondlot est la fierté de la région lorraine, puis de la presse nationale. Le milieu scientifique mondial se fait l'écho de ses avancées, reléguant les rayons X de l'Allemand Röntgen à l'arrière-garde de la révolution scientifique.

Les premiers doutes

Pourtant, après l'accueil enthousiaste des scientifiques, les premiers doutes se manifestent. On ne parvient pas à reproduire les expériences décrites par Blondlot. Fin décembre 1904, le physicien s'explique auprès du célèbre mathématicien Henri Poincaré, son ami de toujours – également originaire de Nancy : « L'action se produit et cesse en quelques secondes ; beaucoup de personnes voient mieux la cessation que l'établissement de l'action. Il importe de ne faire aucun effort d'accommodation ni de fixation, de regarder d'un œil distrait et sans s'accommoder aucunement si on le peut (comme les peintres impres-

sionnistes), et même de tenir la tête dans un léger mouvement continuel et irrégulier. »
Pour contrer cette défiance croissante de ses confrères, Blondlot publie une note à l'Académie des sciences afin de faire connaître ces conseils « artistiques » peu habituels en sciences expérimentales. Ils permettront certainement à ses confrères de constater le même phénomène... De très nombreux chercheurs font aussi le déplacement jusqu'à son laboratoire pour partager l'expérimentation. Jean Becquerel, diligenté par son père, découvreur de la radioactivité, repart enthousiaste. Cependant, peu reviennent dans de telles dispositions. Les grands physiciens français Paul Langevin et Jean Perrin se montrent à leur tour incapables d'éprouver le rayon N. On protège malgré tout le confrère lorrain. « Ce n'est pas parce qu'on ne parvient pas à le voir que ce rayon n'existe pas », concluent-ils. Les physiciens allemands sont moins amicaux et parlent d'illusions d'optique, d'erreur grossière de méthodologie. Pour se défendre, Blondlot fait paraître des photographies du rayonnement N (*cf.* illustration ci-contre). Il ne s'agit pour autant que de taches plus ou moins larges, qui n'ont rien de convaincant...

L'erreur grossière dévoilée

La revue scientifique anglaise *Nature* publie dès 1903 les premières expériences concernant les rayons N. Mais sous la pression grandissante des chercheurs allemands, incapables de reproduire l'extraordinaire découverte, la revue décide d'envoyer un scientifique afin de vérifier et de constater les expérimentations. Elle choisit Robert Wood, correspondant à Paris pour la *Royal Society* de Londres. Blondlot accueille le physicien américain à Nancy en septembre 1904. L'heure de vérité a sonné !
Trois expériences doivent être éprouvées par Wood : la variation lumineuse d'une étincelle soumise au rayon N ; une expérimentation que vient de mettre au point Blondlot consistant à séparer les différentes longueurs d'onde du rayon N à l'aide d'un prisme d'aluminium ; enfin, l'expérience, dite « de l'horloge lorraine », consistant à faire se réfléchir les rayons contre une lime en acier trempé pour stimuler la sensibilité oculaire... au point de lui permettre d'observer une horloge dans l'obscurité !

Wood ne constate pas la moindre variation lumineuse lors de l'émission de rayon N.

Wood rapporte dans un article paru le 29 septembre dans *Nature* le résultat de ces trois expériences. Dans la première, une étincelle scintille derrière un petit écran de verre placé pour amplifier la lumière produite. Cette luminosité est supposée varier lorsque la main s'interpose entre l'étincelle et la source de rayons N, preuve que le rayon existe. Mais rien ne se passe comme prévu : « L'absence de variation fut imputée au défaut de sensibilité de mes yeux et, afin d'élucider la question, je proposai qu'on fît une tentative pour annoncer, en observant l'écran, le moment exact où j'introduirais moi-même la main sur le parcours des rayons. Or, en aucun cas, il ne fut donné de réponse correcte ; on ânonnait que l'écran était lumineux ou obscur alternativement, alors que ma main restait immobile sur le parcours des rayons N. » On lui donne alors des photographies permettant de voir cette variation, mais Wood se rend compte que le temps d'exposition est supérieur lorsqu'il s'agit de capter le rayon N, augmentant alors naturellement la brillance sur la plaque photographique…

Dans la deuxième expérience, Blondlot n'améliore pas son affaire. Profitant de l'obscurité, Wood subtilise le prisme d'aluminium, sans lequel le rayon N ne peut être réfracté. Pourtant le savant lorrain continue néanmoins à mesurer et annoncer la longueur d'onde du rayon…

L'AUTOSUGGESTION

L'autosuggestion est une suggestion réflexive développée pour soi-même, consciemment ou non, afin qu'un résultat ou une conduite imaginés à un moment donné se réalisent de manière quasi automatique – indépendamment de la réalité empirique à laquelle on est soumis. Selon les psychologues de l'époque, dont le Français Henri Piéron, René Blondlot se serait autosuggéré les effets des rayons N, constatés par lui seul lors des expérimentations : « Les rayons N nous ont montré comment, dans un grand esprit, […] une idée engendrée par ses réflexions […] a pu, dans un domaine où le subconscient joue un rôle immense, celui de l'observation dans l'obscurité de faibles phosphorescences, engendrer la vision de variations d'éclat. »

La dernière expérience est encore plus affligeante pour le physicien : « La surface d'une horloge, dans la pièce très faiblement éclairée, était considérée comme devenant plus distincte et plus brillante lorsqu'une lime en acier trempé était tenue devant les yeux, effet dû à une influence particulière que les rayons N réfléchis par l'objet métallique exerceraient sur la rétine. Or, je fus incapable d'observer, pour ma part, le moindre changement, tandis que mon collègue déclarait qu'il pouvait la voir distinctement. » Étrange, d'autant plus que Wood a discrètement remplacé la lime par un morceau de bois réputé insensible au rayon ! Le soir même, le physicien américain regagne Paris, préparant dans le train les détails du rapport accablant qui bientôt paraîtra dans la célèbre revue scientifique londonienne. Une traduction française est publiée quelques jours plus tard dans la *Revue scientifique*, publication francophone de référence à cette époque. Au même moment, un congrès international de physiologie aborde le débat sur les rayons N, en comparant les expériences de chacun. La vérité éclate de toutes parts, et la sanction tombe : ces rayons n'existent pas !

L'obstination irrationnelle de Blondlot

Le psychologue Gustave Le Bon, adhérant à la thèse de l'autosuggestion évoquée par de nombreux psychologues pour expliquer l'« affaire Blondlot », conclut : « Le public à l'avenir saurait [...] à quel point un grand corps savant peut être victime de ses plus lamentables erreurs. » À compter de la publication de Wood, plus personne ne parlera des rayons N en dehors de la Lorraine, la Première Guerre mondiale participant à ce phénomène d'oubli.

Dans l'entourage universitaire de Blondlot, les commentaires xénophobes dérapent dans la presse locale, qui n'abandonne pas son « Einstein ». Seules les « races latines » posséderaient des yeux sensibles aux rayons N, les Anglo-Saxons ont leur perception affaiblie par le brouillard, les « Teutons » par l'abus de la bière ! René Blondlot prend sa retraite prématurée en 1909, mais continuera d'affirmer obstinément (aveuglément pourrait-on dire) l'existence de ses rayons nancéiens jusqu'à sa mort en 1930, n'acceptant aucun des arguments pourtant sans appel de ses confrères et refusant toute nouvelle expérimentation.

Quatre-vingts ans plus tard, Jean-Michel Bloch, professeur associé à l'université de Nancy, prend à nouveau sa défense dans un mémoire : « Certains ont parlé de supercherie, ce qui est totalement exclu [...] il s'est trop fié à son préparateur [...] il devait voir tout ce qu'on lui disait de voir [...] on peut s'étonner que d'autres collaborateurs de Blondlot ne l'aient pas mis en garde plus énergiquement. » Tant d'années après les faits, la magie de la confraternité régionaliste semble encore faire son effet ! Son propos éclaire sur le contexte local, partie prenante de l'imposture. « Les premières découvertes de Blondlot suscitèrent un immense intérêt, suivi de réactions d'hystérie collective due à l'ambiance prolorraine de l'époque. Puis vint une névrose d'autodéception. » Il conclut son plaidoyer en citant un certain physicien du nom de E. Pierret (certainement un autre confrère impartial de l'université de Nancy ?) : « Peut-être s'agit-il d'un phénomène qui est apparu plus tard sous une autre forme » ! L'imposture n'est pas close, l'erreur mystifiée du rayon N semble perdurer...

Radiographie de l'imposture du rayon N

1. Aucun physicien n'est jamais parvenu à observer ni à reproduire l'expérience de Blondlot. Seuls les chercheurs de Nancy observaient la variation lumineuse des rayons lors des expériences. La dénomination de « rayons nancéiens » semble y être pour quelque chose...
2. Charpentier, ami nancéien de Blondlot, est le seul qui parviendra à réaliser des travaux complémentaires sur les rayons N, qui plus est révolutionnaires et un mois seulement après leur découverte.
3. L'analyse et les méthodes scientifiques employées étaient totalement subjectives, fondées sur une expérience très difficile à reproduire – et soumises à la simple appréciation visuelle de l'expérimentateur.
4. L'obstination forcenée de Blondlot à refuser l'évidente erreur, sans jamais apporter aucune réponse objective à ses détracteurs, est symptomatique de l'imposture.

Le spectre électromagnétique

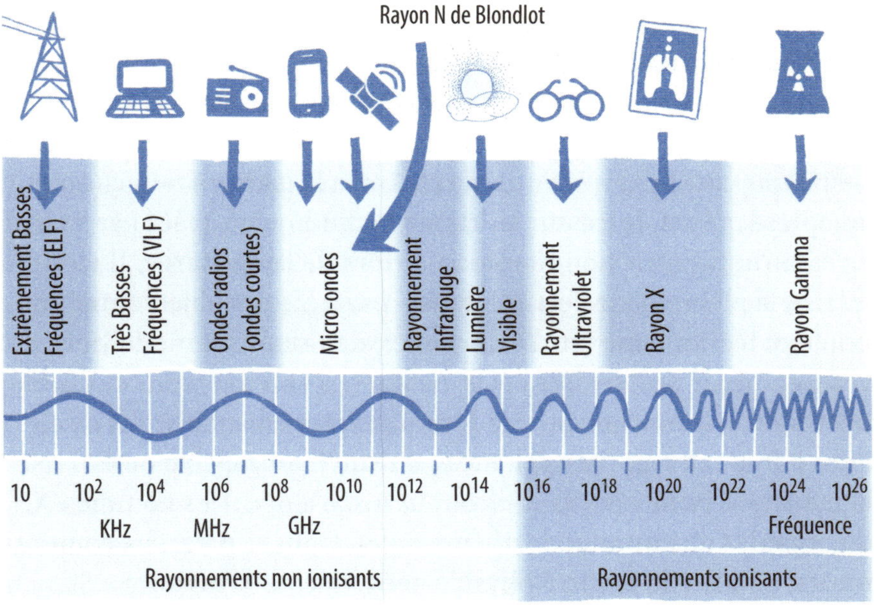

Les ondes sont présentes autour de nous, car nous vivons dans un environnement électromagnétique naturel. Notre organisme lui-même émet un rayonnement électromagnétique sous forme de radiations infrarouges, tout comme le cœur, où l'activité est mise en évidence par un électrocardiogramme ou encore le cerveau, dont elle est révélée par l'électroencéphalogramme… Mais certains appareils électriques tels que les fours à micro-ondes, la télévision, les objets connectés (wi-fi, Bluetooth…) fonctionnent avec des ondes électromagnétiques créées artificiellement. Le spectre électromagnétique (ci-dessus) permet de classer les ondes électromagnétiques en fonction de leur longueur d'onde.

Le rayon N de Blondlot se positionnait de manière idéale, entre les infrarouges et les zones hertziennes, l'une des zones encore vierges dans le spectre des ondes électromagnétiques. Les rayonnements se différencient selon qu'ils sont ionisants ou non. Si les rayonnements non ionisants sont inoffensifs, en revanche, les rayons ionisants ont pour particularité de traverser la matière, d'interagir avec elle et de lui transférer de l'énergie. Ce qui risque à un certain degré de radiation d'endommager les cellules.

Les rayons X

En 1895, le physicien allemand Wilhelm Röntgen étudie le rayonnement cathodique, le faisceau d'électrons observé dans un tube de verre sous vide. Il s'intéresse plus précisément au fait que les rayons dépassent la paroi de quelques millimètres. Lors de l'expérimentation, il recouvre le tube d'un cache en carton noir. Il constate alors qu'un écran recouvert d'une couche de platinocyanure (sel à la composition chimique complexe qui est utilisé sur les écrans cathodiques), placé par hasard en face du tube, devient fluorescent lors de la décharge. Il éloigne l'écran, le phénomène persiste. Puis il intercale des objets entre l'ampoule et l'écran : une feuille de papier, de l'aluminium, du bois, du verre et même un livre très épais. La fluorescence est toujours visible. Il en conclut qu'il vient de découvrir un rayonnement distinct de celui émis par la cathode, très pénétrant puisqu'il est capable de traverser la matière. Ces rayons étant inconnus jusqu'alors, il les nomme « X », du nom de l'inconnue en mathématiques. Dans sa première communication faite à la Société physico-médicale de Würzburg « Sur un nouveau type de rayon », il remarque que « si l'on met la main entre l'appareil à décharges et l'écran, on voit l'ombre plus sombre des os de la main dans la silhouette un peu moins sombre de celle-ci ». Röntgen décrit alors la première image radiographique (*cf.* illustration ci-contre).

Les temps d'exposition sont beaucoup trop longs et les effets secondaires (brûlures et cancers) seront nombreux, surtout chez les médecins.

La découverte est exploitée immédiatement par le corps médical. Ainsi, moins de 15 jours après la publication des travaux de Röntgen, Otto Walkhoof un dentiste allemand, réalise la première radiographie dentaire ! Le monde entier s'empare de cette technologie d'exploration du corps humain. Dérive causée par l'enthousiasme populaire que suscite le procédé, dans les premières années du XXe siècle, tout le monde veut se faire « photographier son squelette ». Et il n'est pas rare de trouver des attractions foraines qui exploitent la fluorescence des rayons X, ou même des chausseurs de luxe qui réalisent leurs modèles en fonction de la radiographie du pied…

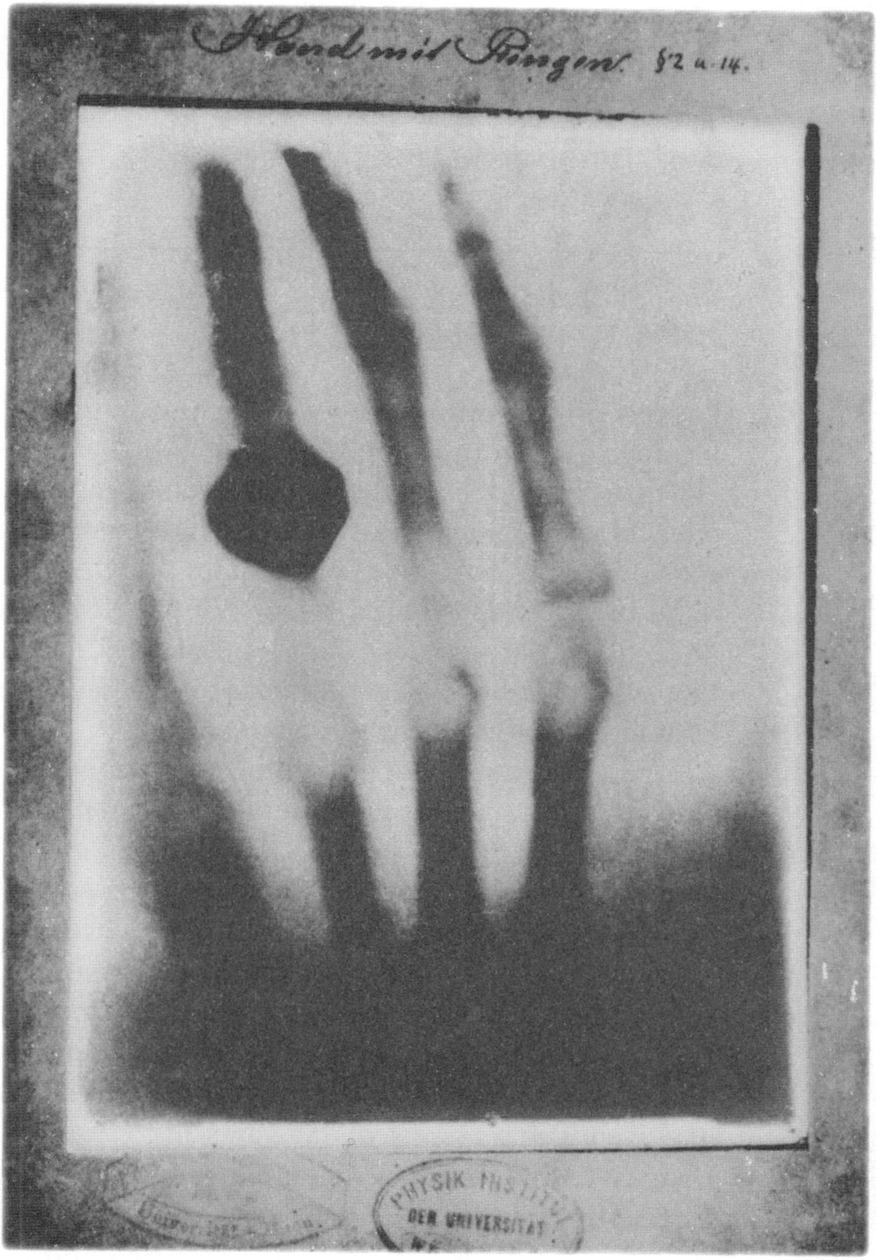

La première radiographie prise avec des rayons X par Wilhelm Röntgen, le physicien allemand qui inspira tant Blondlot. Il s'agit de la main de sa femme, dont on peut voir l'ombre de la chevalière sur l'annulaire. Il reçut le prix Nobel de physique en 1901 pour « les services extraordinaires rendus possibles par sa découverte ».

5 TECHNOLOGIES INNOVANTES

Les technologies innovantes ont toujours été une branche du savoir scientifique, et à ce titre, elles évoluent, au fil des grandes étapes de l'histoire des sciences, dans l'ombre des disciplines majeures dont elles se nourrissent. C'est pourquoi les principales impostures technologiques, loin d'être le simple fruit de Géo Trouvetout isolés dans leurs ateliers, sont tout autant marquées par le contexte historique que les impostures des sciences fondamentales.

Celle du Turc automate se déroule à l'époque que l'historien des sciences Dominique Pestre nomme l'« Ancien Régime des savoirs ». La « merveille » et la « curiosité » sont alors au cœur des attentes du pouvoir royal, qui promeut les inventions. L'aristocratie découvre le monde et ses possibilités infinies. La technologie est au service de cet émerveillement. Il n'y a pas de véritables professionnels de la science, mais des techniciens passionnés qui mettent leur intelligence au service des souverains.

Deux cents ans plus tard, une imposture technologique d'une tout autre ampleur se déroule, durant les Trente Glorieuses. C'est le temps des technosciences et de l'« État entrepreneur », principal promoteur de la recherche technologique, en marge des groupes industriels qui hébergent ces travaux. L'affaire des avions renifleurs témoigne des conséquences que peut causer cette rencontre improbable entre l'intérêt national et une invention révolutionnaire.

Le Turc mécanique

TYPE D'IMPOSTURE La mystification

DOMAINE SCIENTIFIQUE Les nouvelles technologies / L'intelligence artificielle

OÙ ? En Autriche

QUAND ? Entre 1770 et 1857

CROYANCE Il existe des machines dotées d'une intelligence supérieure à celle de l'être humain

PERSONNAGES PRINCIPAUX Wolfgang von Kempelen (inventeur), Marie-Thérèse (impératrice d'Autriche), Johann Maelzel (musicien bavarois), Silas Mitchell (fils du dernier propriétaire de la machine), « le Turc » (automate à apparence humaine)

Au XVIIIe siècle, un inventeur hongrois construit pour l'impératrice d'Autriche un automate à l'apparence humaine capable de jouer aux échecs et de vaincre les adversaires les plus renommés.

L'année 1769 voit la naissance de Napoléon Bonaparte, mais également la présentation par l'inventeur Joseph Cugnot à Louis XV de son fardier, le premier véhicule autonome à vapeur. La technique devient technologie, et porte l'inventivité et la créativité humaine à des sommets jamais atteints, donnant le sentiment enthousiaste que toutes les inventions sont possibles. L'imaginaire devenant un mode d'expression au service du fantasme technologique, la fin du siècle des Lumières est également l'époque qui voit naître un art nouveau, fruit de cette utopie culturelle : l'illusionnisme. Le Français François Pelletier en est l'un des premiers représentants. Usant des dernières découvertes sur les champs magnétiques, il crée des phénomènes de lévitation ou de déplacements mystérieux, sous le regard émerveillé du public. En réunissant l'art et l'alchimie, la magie n'est plus une science ésotérique, mais une exhibition théâtrale, tout en continuant de réserver ses secrets d'exécution à de rares initiés. Quatre ans auparavant, Diderot publie dans son *Encyclopédie* le premier article scientifique sur le magnétisme, où il attribue les phénomènes de l'aimant à une « matière subtile, différente de l'air ». Mais François Pelletier n'a pas besoin d'expliquer ni de comprendre les propriétés du champ magnétique pour en exploiter le caractère mystérieux.

Un défi impérial

En ce début d'été à Vienne, le château royal de Schönbrunn inaugure l'ouverture de la saison des spectacles et des divertissements. Marie-Thérèse d'Autriche y reçoit à cette occasion le célèbre illusionniste qui triomphe dans toute l'Europe. Pour amuser la cour, l'impératrice aimerait déjouer les tours du Français. C'est pourquoi, elle sollicite

Wolfgang von Kempelen, un génie de la mécanique

En 1769, le Hongrois Wolfgang von Kempelen a trente-cinq ans. Ses fonctions d'ingénieur à la cour impériale de Vienne lui permettent d'offrir à sa famille une grande qualité de vie (il habite l'aile du château que Napoléon choisira quelques années plus tard comme quartier général lors de la campagne de Wagram), mais aussi de s'adonner à sa passion de la mécanique et à l'invention de machines nouvelles. Son talent pour la physique et les mathématiques font de lui un véritable génie de la mécanique. En 1765, il est déjà l'inventeur d'un ingénieux moteur hydraulique basé sur la force motrice de la vapeur, qui alimente en circuit fermé les canalisations du château.

la présence de son brillant ingénieur, Wolfgang von Kempelen, afin qu'il assiste aux différentes illusions et tente ainsi d'en révéler les astuces. Flatté par cette invitation, ce dernier lui certifie pouvoir prendre avec facilité l'artiste en défaut. Devant Marie-Thérèse d'Autriche, François Pelletier démontre sa virtuosité, tant dans la manipulation des objets que dans l'art de l'illusion visuelle et du détournement de l'attention. Après le spectacle, l'impératrice, séduite, convie Kempelen à venir partager ses impressions.

> ***« Alors, Monsieur l'ingénieur, saurez-vous nous révéler les secrets de ce magicien ? »***

Kempelen n'a pas tout compris, et cela le vexe. Il met au défi Pelletier de reproduire ses tours avec d'autres objets. L'impératrice l'écoute, lasse, tandis qu'il argumente pour mieux masquer son échec. Atteint dans son orgueil, l'ingénieur laisse échapper une bravade : « Avec un peu d'astuce et de travail, je serai en mesure d'émerveiller cent fois plus Votre Altesse grâce à l'une de mes inventions que ce saltimbanque avec ses tours de foire. » On ne provoque pas impunément Marie-Thérèse d'Autriche : « Eh bien soit, Monsieur, je vous mets au défi d'ici à l'été prochain, de parvenir à réaliser ce dont vous vous vantez avec tant d'arrogance. »

Kempelen repart avec la volonté de réussir l'impossible. Bien que les échecs soient particulièrement à la mode à la cour d'Autriche, l'histoire ne nous dit pas comment lui vient l'idée incroyable de concevoir un automate joueur d'échecs, mais on ne peut qu'y voir une manifestation supplémentaire de son orgueil face au défi qui lui est lancé : lui, le Hongrois Wolfgang von Kempelen, est capable de concevoir une machine plus intelligente que l'impératrice d'Autriche. Et en se jouant ainsi d'elle, il aura sa vengeance. Comment peut-on opposer un ingénieur de son rang à la facétie d'un artiste ?
Il tient parole, et dix mois plus tard, il achève l'exécution d'un chef-d'œuvre qui va surpasser tout ce que l'on avait pu voir jusque-là à la cour d'Autriche.

Rencontre avec l'automate

Le jour de la démonstration est arrivé. L'inventeur pousse son automate fixé à un meuble volumineux monté sur des roulettes. À la grande surprise de l'impératrice, le personnage est vêtu à l'ottomane. Sa tête est enturbannée et son corps, habillé d'un caftan, une impressionnante veste orientale de couleur rouge, bordée de fourrure. Devant lui, vissé sur une table, un échiquier qu'il ne quitte jamais des yeux. Kempelen est heureux de l'effet suscité par sa création : « Votre Altesse, je vous présente ma machine, l'automate joueur d'échecs. […] Cette invention, dont Votre Altesse m'autorisera à garder le secret, est douée d'une intelligence supérieure, apte à vaincre le joueur d'échecs le plus expérimenté, mais également à échanger quelques propos avec vous en fin de partie. »

> ***« Avant d'entamer la partie, je vais vous faire découvrir son intérieur afin que vous constatiez qu'il n'y a aucun trucage autre que le génie de la mécanique de votre dévoué ingénieur. »***

L'agitation et la défiance autour de Marie-Thérèse sont telles que Kempelen prend les devants. Commence alors une mise en scène digne d'un illusionniste. Il retrousse les habits de l'automate, ouvre un premier tiroir contenant des pièces d'ivoire rouges et blanches

et puis une première porte, puis une seconde, et promène ainsi son œuvre sous le regard de l'assistance, la tournant en tous sens. Son éminent public l'examine avec attention, sans rien y voir de douteux. « Aucun espace vide ne semble pouvoir cacher plus que le volume d'un chapeau », témoignera Karl von Windisch, un ami de Kempelen, dans ses *Lettres sur le joueur d'échecs* (1783).
Une cloison divise le meuble en deux parties inégales. Celle de gauche, la plus étroite, occupe un tiers de la largeur du meuble et semble

Une partie avec le Turc

L'échiquier est fortement aimanté. Chaque pièce est solidement arrimée au damier. Lorsque l'automate joue, il lève le bras gauche lentement, dirige sa main vers la pièce qu'il veut déplacer, puis ouvre les doigts, saisit la pièce pour la reposer à l'emplacement choisi. Enfin, il retire son bras et le repose de nouveau sur son coussin. Le coup est terminé lorsque le bruit mécanique sourd qui accompagne ses gestes s'interrompt. S'il doit prendre une pièce de son adversaire, il répète les mêmes mouvements pour s'en saisir, la place hors de l'échiquier, puis revient prendre la sienne et la dépose sur la case ainsi libérée.
À chaque coup de l'adversaire, le Turc remue la tête et parcourt des yeux l'échiquier. Lorsqu'il fait échec à la reine, il incline deux fois la tête, trois fois lorsqu'il s'agit du roi. En cas de déplacement non autorisé par son adversaire, il agite la tête à plusieurs reprises, ce qui arrive souvent, les joueurs voulant éprouver la machine. Ainsi, par exemple, si l'on fait faire au fou la marche du cavalier, l'automate replace le fou sur sa case d'origine et continue à jouer son coup, ce qui fait perdre un tour à l'adversaire pour le sanctionner. Tous les dix coups, la machine doit être remontée par Kempelen.
Sur le côté du meuble se trouve également une caisse contenant six petits échiquiers simulant chacun une fin de partie difficile, que l'automate joue pour montrer la solution la plus rapide et la plus élégante.

ne contenir que des rouages, des leviers, des cylindres et diverses pièces rappelant un mécanisme d'horlogerie. Dans celle de droite, on ne voit que quelques barillets à ressorts. Sur la table se trouve également un coussin où repose le coude de l'automate, ainsi qu'une tablette qui contient des caractères alphabétiques tracés en or. En rabattant le caftan de l'Ottoman par-dessus sa tête, Kempelen offre également au regard du spectateur la structure intérieure, où l'on ne voit – comme pour le meuble – que des leviers et des rouages qui lui remplissent le corps. Après avoir laissé à l'impératrice et à son entourage le loisir de tout examiner, l'inventeur referme les portes de l'armoire et se loge avec sa machine derrière une balustrade pour éviter qu'un spectateur ne vienne toucher l'automate pendant la partie.

En moins de trente minutes, l'automate remporte la partie contre l'impératrice ainsi que les suivantes contre la famille royale et les personnalités présentes. Le succès est total. Kempelen a gagné son pari. Il reçoit en remerciement, les « hommages » (une dotation financière) de Marie-Thérèse. Lorsque celle-ci demande à garder la machine pour jouer lorsqu'il lui plaira, Kempelen la convainc que sa présence est indispensable et que l'automate, encore fragile, doit impérativement retourner à son atelier.

Une carrière internationale

La nouvelle de l'invention d'une machine intelligente, invincible au jeu d'échecs, se répand dans les cours d'Europe. Kempelen n'imaginait pas une telle célébrité. Gazettes et journaux amplifient parfois la rumeur, donnant à l'automate le pouvoir de parole et l'aptitude à raisonner. Kempelen affirme de son côté que la machine ne mérite pas tant de gloire. L'imposture est totale : en prétendant avoir conçu un mécanisme cérébral apte à jouer aux échecs, Kempelen se joue du public. L'automate n'est pas une simple illusion rendue possible par le génie mécanique de l'inventeur, il est un canular technologique, savamment orchestré dans le but de promouvoir sa carrière et sa réputation. On reconnaît là les ingrédients éternels de l'imposture scientifique moderne.

Kempelen se voit proposer des fortunes pour céder sa machine ou son secret, ce qu'il refuse.

La machine parlante, l'autre invention de Kempelen

Kempelen n'a pas été qu'un imposteur... Il est également l'inventeur en 1791 d'une machine capable de reproduire la parole (des mots entiers et des phrases courtes). Les phonèmes sont reproduits à l'aide de tuyaux d'orgue, chaque phonème ayant une touche de clavier. Selon Kempelen, il est possible d'apprendre à en jouer en quelques semaines.

L'ingénieur rejettera désormais les demandes des foules de curieux qui veulent affronter le Turc, sous le prétexte que des déplacements trop fréquents finiraient par l'endommager. Il trouvait que cette histoire était allée assez loin. Dès lors, il négligea sa machine pour se consacrer à de nouvelles recherches, notamment sur la conception de la première machine parlante (*cf.* encadré ci-dessus).

Kempelen démonte l'automate et l'abandonne pendant plusieurs années durant... Jusqu'en 1781, où l'empereur Joseph II lui ordonne de le reconstruire pour la visite du grand-duc Paul de Russie. La représentation rencontre un tel succès que l'empereur lui demande de céder l'objet pour une grande tournée en Europe afin de présenter l'automate, symbole du progrès technologique de l'Autriche. L'ingénieur accepte malgré lui, préférant accompagner son invention pour préserver la mystification, plutôt que d'avouer les arcanes de son canular.

De Paris à Londres, d'Amsterdam à Leipzig, le Turc de Kempelen se mesure à tous les plus grands joueurs d'échecs de son époque, tel François André Danican Philidor, qu'il affronte à l'Académie des sciences. Le maître l'emporte au terme d'un duel qui restera « sa partie d'échecs la plus fatigante ! ». Une partie oppose même l'automate à l'ambassadeur des États-Unis en France, qui n'est autre que Benjamin Franklin. Le célèbre inventeur et homme politique est battu, mais conservera un intérêt pour le mystère de cette machine durant toute sa vie...

Le problème du cavalier

Le problème du cavalier, également appelé « cavalier d'Euler » est un problème mathématique fondé sur le trajet imposé d'un cavalier sur un échiquier. La solution a été trouvée par le mathématicien Euler en 1766. À la surprise générale, le Turc de Kempelen résout ce défi avec facilité. Lorsque l'on place un cavalier sur l'échiquier vide, sur n'importe quelle case, l'automate lui fait parcourir – selon le traditionnel trajet en « L » imposé pour cette pièce – l'ensemble des soixante-quatre cases, sans en manquer une seule ni revenir deux fois à la même. Comment est-ce possible ? Le maître d'échecs caché dans le meuble dispose d'une astucieuse « antisèche » sous forme de grille, qui prévoit le mouvement à reproduire, quelle que soit la case de départ.

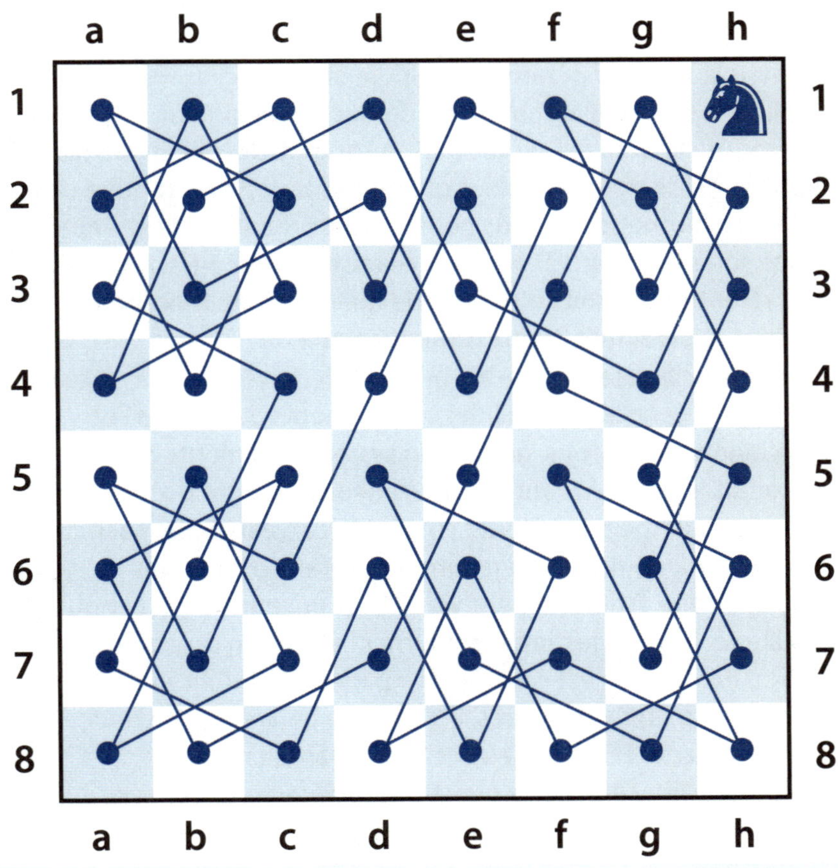

LES SECRETS DE L'AUTOMATE

L'intérieur de la machine (*cf.* illustrations couleurs, p. XIV-XV) est faussement complexe, et conçu pour tromper ceux qui veulent l'observer. Les portes n'ont pour fonction que de satisfaire la curiosité des spectateurs. Les ouvrir toutes grandes crée l'illusion souhaitée : personne n'est à l'intérieur.
Un siège coulissant est installé dans le meuble, permettant à un complice (maître d'échecs) faisant office d'opérateur de la machine d'échapper au regard du public en glissant d'un côté à l'autre pendant que Kempelen ouvre et ferme les portes. Le coulissement du siège déplace également la fausse machinerie pour qu'elle cache l'opérateur.
L'intérieur du Turc mécanique contient aussi une planche à trous reliée à une série de leviers permettant de contrôler le bras du mannequin ou de saisir une pièce en ouvrant et fermant la main. L'opérateur manipule un pantographe, ce qui déplace le bras de l'automate au-dessus de l'échiquier. Kempelen a détourné le principe de cet outil, à l'origine dévolu au dessin : il est formé de tiges articulées qui permettent de reproduire des gestes homothétiques (plus petits ou plus grands) à l'extrémité d'une sorte de ciseau. D'autres mécanismes tout aussi astucieux font retentir des bruits d'horlogerie quand le Turc mécanique s'anime et modifient l'expression du visage ou font bouger la tête.
Le maître d'échecs peut voir les mouvements des pièces sur l'échiquier par-dessous, grâce à un système d'aimants qui reproduit la partie. Quant à la mystérieuse cassette posée sur la table que Kempelen présente comme le cerveau de la machine et dont il manipule régulièrement le contenu à l'abri des regards… elle est totalement vide ! C'est un leurre bien connu des illusionnistes, destiné à détourner l'attention du public.
Le Turc mécanique est capable de « parler » au public en utilisant une planche ornée de lettres. Il s'exprime en anglais, en français et en allemand. Presque deux cent cinquante ans avant l'automate Siri d'Apple, les questions généralement posées au Turc concernent déjà son âge, son statut marital et ses secrets…

La seconde vie et la mort de l'automate

À la mort de Kempelen en 1804, son fils le vend à un musicien bavarois passionné par les automates, Johann Maelzel, qui est par ailleurs l'inventeur d'une variante du métronome. Maelzel en apprend les secrets et le restaure. Il le perfectionne pour mieux masquer ses « trucs » et y ajoute une fonction vocale qui énonce « échec » à la fin de la partie.

L'automate devient un spectacle itinérant qui parcourt le monde, continuant d'affronter les plus grandes personnalités de son temps.

Ayant entendu parler de l'automate, Napoléon Bonaparte se présente en 1809 au château de Schönbrunn pour se mesurer au désormais célèbre Turc mécanique. Celui-ci gagne la partie trop rapidement. Napoléon est mécontent et demande à rejouer en faisant cacher la tête et le corps du Turc par un châle afin qu'il ne puisse voir le jeu. D'autres versions de cette rencontre expliquent que Napoléon aurait effectué plusieurs déplacements de pièces non autorisés, provoquant l'irritation de l'automate, qui aurait renversé l'échiquier. Amusé par ce trait de colère, Napoléon aurait repris une nouvelle partie, en respectant cette fois les règles. Les coups joués entre l'empereur des Français et le Turc sont retranscrits dans les annales historiques des grandes parties d'échecs. Ce qui permet aux spécialistes d'affirmer que Napoléon n'était pas aussi doué pour les jeux de stratégie que pour la stratégie militaire…

Lors d'une tournée de l'automate aux États-Unis en 1830, Edgar Allan Poe rencontre le phénomène, qui l'impressionne suffisamment pour lui inspirer la nouvelle *Le Joueur d'échecs de Maelzel*. Plus tard, son médecin, le docteur John Mitchell, se passionne pour le Turc et rachète la machine. Il constitue alors un club d'admirateurs pour restaurer l'invention de Kempelen, dont il fait don en 1840 au Peale Museum à Philadelphie. L'automate finira sa vie la nuit du 5 juillet 1854, dans l'incendie du musée. Mitchell écrira plus tard avoir entendu « au milieu des flammes […] les derniers mots de [leur] ami disparu, les syllabes répétées sévèrement, encore et encore : “Échec ! Échec ! !” ».

L'intelligence artificielle supérieure à l'intelligence humaine ?

L'automate de Kempelen pose la question très actuelle de l'intelligence artificielle et de ses limites. Elle nous mène en 1955 aux États-Unis. Gordon Earle Moore édicte sa célèbre loi, qui veut que la puissance de calcul des ordinateurs double tous les ans. En 1975, il réévalue sa théorie en limitant ce progrès à un cycle de deux ans. Cette loi se vérifie depuis lors avec une étonnante exactitude. Ce qui a conduit plus récemment le célèbre prospectiviste Ray Kurzweil à estimer le moment exact où, selon lui, l'intelligence de la machine aura, grâce à sa puissance de calcul, une aptitude cognitive supérieure à celle de l'homme. Ce moment est appelé « singularité ». À cet instant précis, l'évolution technologique devient incontrôlable, le progrès étant alors l'œuvre d'une « supra-intelligence » non humaine.

Le mathématicien britannique Alan Turing avait également imaginé une telle évolution en 1950. Afin de pouvoir reconnaître cette situation lorsqu'elle se présenterait, il conçut un ingénieux test (« le test de Turing ») pour éprouver les intelligences artificielles et ainsi vérifier, de façon indiscutable, si elles sont effectivement supérieures ou égales à nous. Le talent humain que Turing choisit de reconnaître chez la machine est la conversation, dans ses aspects les plus rhétoriques. La machine doit convaincre son interlocuteur d'une contrevérité. Une compétition annuelle, le prix Loebner, récompensera peut-être un jour le programme informatique qui parviendra à réussir le test de Turing… Ce qui n'est, bien évidemment, jamais arrivé à ce jour.

Plus récemment, en 2014, a été lancé le Human Brain Project. Ce projet scientifique d'envergure internationale, doté par l'Union européenne d'un milliard d'euros sur dix ans, vise d'ici à 2024 à simuler le fonctionnement du cerveau humain, dans tous ses aspects. Devant l'utopie du projet (aucune puissance de calcul satisfaisante ne pourrait y parvenir d'ici à 2024) – et le fait qu'il monopolise une part importante de financements européens au détriment d'autres expériences – de nombreuses contestations ont émergé en 2015, au point de faire changer l'objectif du projet. Celui-ci ne se concentrera plus désormais que sur la modélisation de certains aspects du cerveau afin de servir à l'expérimentation dans les sciences cognitives.

Pour autant, on ne peut qu'être surpris par la démarche des ingénieurs et des mathématiciens. La perspective de reproduire une intelligence humaine semble aussi vaine que les tentatives pour la mesurer (*cf.* le chapitre sur Cyril Burt).

Comment simuler ce que l'on ne peut définir ou quantifier ?

L'aspect protéiforme du fonctionnement cérébral humain, dans ses manifestations cognitives les plus concrètes ou abstraites, ne relève pas seulement de la puissance de calcul mais également du néant, de l'aléatoire, de l'absurde… Ces phénomènes ne peuvent se retrouver résumés dans des algorithmes informatiques, car ils ne répondent ni à une cartographie cérébrale ni à des processus logiques. Saviez-vous que même l'ordinateur le plus puissant du monde ne sait créer une véritable valeur aléatoire ? Les informaticiens utilisent des astuces fondées sur des constantes universelles, tel le nombre π, pour donner cette illusion. Et puis, que cherche-t-on à reproduire exactement ? Cette croyance populaire, partagée par certains des plus éminents chercheurs de la planète, ne saurait se résumer à la puissance de calcul d'un processeur. L'intelligence humaine relève justement d'une aptitude non logique, qui ne peut se matérialiser avec des méthodes elles-mêmes logiques. Nous avons alors tout à attendre de l'informatique quantique, fondée, non sur les semi-conducteurs et les bits (0 ou 1), mais sur l'intrication et la superposition (0 et 1 sont chacun 1 et 0) qui sortirait l'algorithmique du carcan binaire. Alors, à quand le premier ordinateur quantique, seule technologie à même de reproduire (en théorie !) l'intelligence humaine ? Pas avant quelques décennies, peut-être plus encore, selon les physiciens les plus enthousiastes…

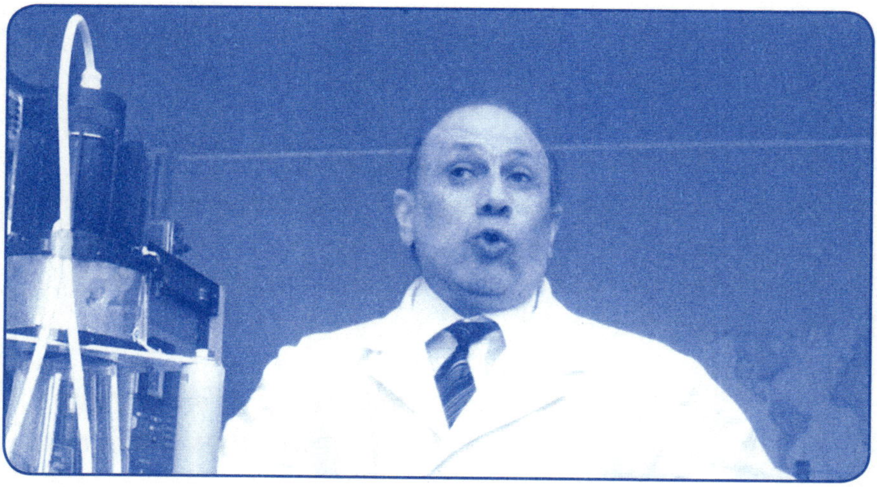

L'aristocrate rêveur et le réparateur de télévisions

TYPE D'IMPOSTURE La mystification

DOMAINE SCIENTIFIQUE Les nouvelles technologies / La physique / La géologie

OÙ ? En France

QUAND ? Entre 1965 et 1979

CROYANCE On peut trouver des gisements de pétrole à l'aide d'un appareil embarqué dans un avion

PERSONNAGES PRINCIPAUX Aldo Bonassoli (technicien en électronique), Alain de Villegas (ingénieur), Jean Violet (avocat et agent secret), Pierre Guillaumat (président d'Elf), Valéry Giscard d'Estaing (président de la République), Jules Horowitz (physicien émérite au Commissariat à l'énergie atomique)

On a découvert la pierre philosophale de la production énergétique : il est possible de détecter instantanément les gisements de pétrole grâce à un ingénieux système radar embarqué dans un avion. Dans le secret-défense le plus absolu, le gouvernement français tente d'accaparer l'invention, coûte que coûte.

En octobre 1973, un vent de panique se répand dans le monde occidental. En marge de la guerre du Kippour, la coalition de pays arabes menée par l'Égypte et la Syrie annonce un embargo contre les États qui soutiennent Israël. Promoteurs de l'Organisation des pays exportateurs de pétrole (OPEP), les pays arabes contrôlent alors la fourniture et le prix du pétrole revendu à l'ensemble des pays occidentaux et décident d'utiliser cet atout pour soutenir l'Égypte. C'est un redoutable moyen de pression politique et économique.

Après trente ans de prospérité et de développement à tous crins, cette situation provoque un véritable traumatisme en Europe et aux États-Unis. Des deux côtés de l'Atlantique, on fait la queue dans les stations d'essence pour faire des réserves de carburant ou de fuel domestique. Le prix du gazole s'emballe.

En France, la situation est alarmante, car l'économie est totalement dépendante de l'or noir, principale source d'énergie du pays depuis la Seconde Guerre mondiale. La hausse du prix des hydrocarbures, en se répercutant sur les coûts de fabrication de nombreux produits, relance l'inflation et entraîne un recul de la production industrielle, avec des conséquences dramatiques. L'Occident découvre le chômage, et les gouvernements acceptent des déficits budgétaires pour amortir la récession.

Pour rassurer la population paniquée par la crise pétrolière, le gouvernement français lance une campagne de publicité en 1974 à la télévision : « En France, on n'a pas de pétrole, mais on a des idées ! »

L'État français, dirigé à partir de 1974 par un jeune président tout juste élu, Valéry Giscard d'Estaing, développe au maximum ses atouts diplomatiques et technologiques pour contrer une situation internationale inédite. Des mesures d'urgence sont mises en place, notamment la construction massive de centrales nucléaires. On introduit pour la première fois de l'histoire la notion d'économie d'énergie avec, par exemple, la création de l'heure d'été pour limiter la consommation électrique. Crise sociale et technologique sans précédent,

Des imposteurs attachants

Le profil atypique d'Aldo Bonassoli et d'Alain de Villegas les place dans la catégorie rare des mystificateurs poètes. Mais pour prendre la mesure de leur art et mieux cerner leur histoire, avant même de commencer à raconter leur (més)aventure, de faire connaître leur folie, leurs succès et leur déchéance, il conviendrait de commencer par l'épilogue de cette incroyable imposture qui en dit plus long sur leur véritable personnalité qu'une biographie détaillée : Aldo le réparateur de télévisions et Alain l'aristocrate désargenté vont toucher en trois ans près de 1 milliard de francs (240 millions d'euros d'aujourd'hui) pour une invention grossièrement truquée. Du jamais vu dans le monde occidental. Et pourtant, ils finiront ruinés, dans la plus grande précarité. À tel point qu'aucune procédure pénale ou civile ne sera jamais engagée contre eux. Pour les deux hommes, pris dans l'engrenage de la mystification tels des menteurs pathologiques, le déni de la réalité devint un vade-mecum, une posture psychologique que rien ne put ébranler. C'est ainsi que tout l'argent récolté servit à alimenter à perte l'industrialisation pharaonique de leur mensonge… et le financement d'œuvres caritatives.

panique médiatique et populaire, le terreau de l'imposture scientifique est fertile : la mystification française la plus marquante du XXe siècle est prête à être semée !

Trouver de nouvelles ressources énergétiques

1976. La société ERAP (Entreprise de recherches et d'activités pétrolières), filiale de la compagnie française Elf Aquitaine, connaît des difficultés historiques. Elle vient de perdre ses sites de production algériens et irakiens. De plus, l'Iran s'apprête à lui confisquer des gisements de gaz récemment découverts. Dans ce contexte de crise pétrolière, il lui faut impérativement trouver de nouvelles ressources énergétiques. L'enjeu est national. Une piste prometteuse se dévoile alors. Il s'agit d'une technologie révolutionnaire de détection automatique des gisements pétroliers. Le projet est porté par trois personnages hauts en couleur : Jean Violet, lobbyiste, émissaire du gouvernement et agent des services du renseignement, en est le promoteur. Il accompagne dans leurs démarches deux inventeurs totalement inconnus : Alain de Villegas, aristocrate belge, ingénieur de formation, et Aldo Bonassoli, un électrotechnicien italien.

La rencontre de deux rêveurs

Aldo Bonassoli est né en 1934. À l'école d'électronique de Bergame, dont il sort avec un diplôme de technicien en électronique, il fait la connaissance du professeur Todeschini, connu en Italie pour ses doctrines scientifiques fantaisistes. Ce dernier nie la théorie de la relativité et invente la psychobiophysique, une « science unitaire cosmique » qui considère que les phénomènes physiques, biologiques et psychiques sont liés. Le jeune étudiant est fasciné par les théories du *professore*, et s'attribuera même quelques années plus tard, le titre de psychobiophysicien, dans la lignée de l'enseignement de son maître. Son diplôme en poche, Aldo entre en 1959 dans une fabrique de téléviseurs.

C'est dans une usine de téléviseurs qu'Aldo apprend les techniques permettant de créer un habillage vidéo sur un écran qui lui seront très utiles par la suite.

Mais son ambition est de se rapprocher du milieu scientifique. En 1963, il décroche un emploi de technicien à l'École polytechnique de Milan. Il travaille alors pour un projet universitaire de « régulation automatique du modérateur d'un réacteur nucléaire expérimental ». Profitant de sa présence à l'École polytechnique, Aldo Bonassoli suit chaque soir des cours de physique nucléaire et s'imprègne ainsi du vocabulaire et de la phraséologie scientifiques. Il continue de fréquenter le professeur Todeschini, qui lui présente un jour le comte Alain de Villegas. Ce personnage belge surprenant nourrit des idées aussi folles que celles d'Aldo : il cherche un moyen de concevoir un déssalinisateur d'eau de mer pour vaincre la sécheresse en Afrique. Cela tombe très bien, justement, Aldo sait comment faire pour mettre au point un tel appareil ! Cette rencontre change définitivement sa vie. Alain de Villegas est, quant à lui, né en 1918 et descend d'une grande lignée d'aristocrates belges. Rêveur, idéaliste – fou diront certains ! –, il devient malgré tout ingénieur, tout en aspirant à mener une carrière qui lui permette de lancer des actions caritatives. De sa mère, férue d'ésotérisme, il tient vraisemblablement son attirance pour les sciences occultes, l'astrologie et même l'alchimie. Sur ces aspects, il rejoint la « douce folie » d'Aldo Bonassoli. Les deux hommes mèneront plus tard, dit-on, des escapades improvisées en Italie afin de vérifier des rumeurs évoquant la présence de bases extraterrestres près de Turin… En 1964, la rencontre des deux rêveurs, Aldo le technicien, sorte de Géo Trouvetout et Alain l'ingénieur passionné de surnaturel, fait mouche. Dans le binôme, la répartition des rôles est la suivante : Alain crée des sujets de recherche et Aldo les réalise. Ainsi débute une collaboration étroite qui durera près de quinze années.

Une longue-vue pour observer les ovnis

Aldo Bonassoli se fait connaître dans les médias italiens à la fin des années 1950 pour avoir photographié des ovnis dans le ciel de Milan. L'imposteur débutant a inventé un appareil étonnant, une sorte de longue-vue montée sur une fourche de bicyclette, qui lui a permis ce prodige… Il prétend ainsi avoir photographié le célèbre satellite russe Spoutnik.

Le comte de Villegas est persuadé de l'existence des extraterrestres et convaincu que les observations d'ovnis sont fondées.

Histoire d'eau

Dès 1965, les associés, aidés de Bernard de Marcken, un homme d'affaires et ami du comte belge, fondent en Suisse une société destinée à financer leurs découvertes scientifiques. Aldo part vivre au château familial de Villegas, dans la banlieue de Bruxelles, afin d'y mener ses expériences. Faute d'eau salée dans cette région de la Belgique, on choisit plutôt d'étudier la transformation de l'eau des marais du château en eau pure. L'expérience est un échec, et l'équipe décide finalement de se concentrer sur son idée d'origine : un appareil qui transforme l'eau salée en eau potable. Le laboratoire est transféré en hâte dans un camp de vacances, propriété de Bernard de Marcken à Ibiza. En échange de ce financement, Aldo s'engage à fournir « les données complètes pour l'exécution d'une unité capable de débiter 500 litres d'eau potable par minute à partir d'eau de mer à forte teneur saline » dans un délai maximum d'un mois.

Un énorme escalier est aménagé dans les rochers, conduisant du laboratoire à la mer. Puis des tuyaux et des pompes relient l'eau de mer à l'appareil. « Le sel tombait en masse et, à la fin, l'eau avait… le goût de l'eau de puits. Personne ne comprenait ce qui se passait », raconte alors en 1984 au journal *Le Monde*, Bernard de Marcken. Aldo Bonassoli, qui prétend vouloir « maintenir le secret autour de son procédé », tient soigneusement à distance les financiers du projet. Prudent, Bernard de Marcken observe tout de même à son insu, avec des jumelles, les manipulations de l'Italien. Il comprend rapidement, mais trop tard, que les opérations de déssalinisation sont faites à la main : on se moque de lui ! La société est dissoute, « et ses actionnaires délestés de dizaines de milliers de francs suisses ».

Une rencontre providentielle

Qu'importe ! Alain de Villegas a de nouvelles idées. Plutôt que de dessaliniser l'eau de mer, pourquoi ne pas extraire l'eau douce qui se trouve dans le sol ? Changement de découverte, nouvelles perspectives !

Les deux hommes poursuivent leurs investigations et, en 1969, Villegas fait la connaissance de Jean Violet, avocat à la cour de Paris et conseiller d'Antoine Pinay. Le journaliste Pierre Péan rapporte ainsi cette rencontre : « Ce petit homme leur inspire une certaine crainte, car il parle d'un ton sans réplique. Il est à l'évidence puissant : "C'était l'homme dans l'ombre. On le respectait. C'était le chef." Non seulement il est proche de Pinay, mais il semble familier du taureau bavarois Franz Josef Strauss, de l'archiduc Otto de Habsbourg et de bien d'autres encore, comme le grand industriel italien Carlo Pesenti, réputé parmi la classe politique européenne pour être l'un des financiers du Vatican, qui a petites et grandes entrées au Saint-Siège. [...] Ils sentent ou savent déjà que Violet sera leur véritable patron... »
Alain de Villegas explique son procédé de détection des nappes d'eau souterraines et la chance que représenterait une telle découverte pour les pays d'Afrique. Jean Violet est séduit et accepte l'invitation du comte de l'accompagner dans la forêt des Ardennes pour assister à une démonstration de l'appareil. Lors de l'essai, il fait croire à l'avocat, des écouteurs sur les oreilles, que l'on peut entendre et ainsi remonter le cours d'un filet d'eau souterraine jusqu'à sa source...

Enthousiasmé, Jean Violet promet à l'ingénieur de trouver l'argent nécessaire pour poursuivre ses recherches et mettre au point l'appareil.

Dès son retour à Paris, Violet obtient le soutien financier de Carlo Pesenti, qui rencontre des problèmes d'approvisionnement en eau pour ses cimenteries. L'argent coule à flots. Les deux amis, avec l'aide de leur nouvel associé, peuvent enfin continuer leurs folles expérimentations.
Nouvelle aubaine, grâce à l'intervention de Violet, ils décrochent en 1970 le soutien du ministre espagnol du Tourisme, qui trouve l'idée excellente et propose comme terrain d'expérimentation la Costa del Sol, où les problèmes d'eau potable sont nombreux. Un certain Philippe de Weck, patron d'une banque suisse, vient constater le résultat des travaux. « La thèse de Villegas était simple, dira plus tard le ministre espagnol à un journaliste du *Monde* : de l'eau, il y en avait partout, il suffisait d'aller la chercher. Alors, ils utilisaient une sorte

Le troisième homme

Jean Violet est né, comme Villegas, en 1918. Fils d'un notaire, il devient avocat à Paris, milite dans les factions d'extrême droite et développe ses réseaux dans le milieu catholique traditionaliste. Défenseur de l'État et de la nation française, il se retrouve embarqué dans des missions d'espionnage. Le journaliste Pierre Péan lui attribue également des liens avec l'Opus Dei. Dans l'ombre de l'homme d'État Antoine Pinay, il organise et anime au service de la France des réseaux d'influence politiques et économiques partout en Europe. Sans ce troisième homme, l'une des impostures technologiques les plus folles du XXe siècle n'aurait assurément jamais pu exister…

de pistolet qu'on enfouissait dans la terre. Dès que cet engin détectait une nappe d'eau, il émettait un son particulier. Trois ou quatre forages ont été effectués, mais un seul a réellement débouché sur de l'eau en quantité insuffisante. » Les expériences sont interrompues et l'argent investi par l'industriel italien trop généreux, définitivement perdu… Nouvelles tentatives pourtant, aux îles Canaries cette fois : même résultat, même fiasco financier !
Villegas cherche un autre objectif de recherche. Nous sommes en 1973, en pleine crise pétrolière. La panique gagne la population. Il lui vient alors l'idée du siècle : plutôt que de trouver de l'eau, pourquoi ne pas trouver du pétrole ? Même technologie de prospection, mais une perspective beaucoup plus enrichissante…
Violet convainc Carlo Pesenti, peu rancunier, de sortir à nouveau ses liasses de lires. Ses ingénieurs lui suggèrent de demander au comte belge d'équiper un avion avec ses appareils pour effectuer des recherches sur des zones géographiques étendues. Échaudé par sa première expérience avec les deux inventeurs, Carlo Pesenti leur impose de faire impérativement la découverte d'un gisement afin de valider la suite du financement et des recherches. Pour mieux déployer sa mystification, Alain de Villegas choisit l'Afrique du Sud, l'une des rares zones du monde qui n'ait jamais été prospectée et dont les profondeurs géologiques sont peu documentées.

Sésame décidément inépuisable, Violet obtient l'accord du gouvernement sud-africain. Après une première prospection aérienne au-dessus du Zoulouland, un forage de plusieurs mois ne permet pas de trouver l'or noir annoncé par les appareils de Bonassoli et Villegas. Carlo Pesenti abandonne l'affaire avec aigreur. Il est cocasse de constater qu'à ce stade, en dix ans de collaboration étroite, aucune expérience sur site effectuée par les deux amis n'a jamais fonctionné ! Comment le binôme d'inventeurs perçoit-il sa propre mystification ? Est-elle concertée ? Ou nos deux imposteurs ménagent-ils leur terrible vérité dans le silence du non-dit ? Certainement les deux. Leur mythomanie avérée laisse penser qu'ils sont conscients de leur mystification tout en se laissant sincèrement porter par l'histoire qu'ils s'inventent.

La grande imposture débute enfin !

Jean Violet est à ce stade complice mais également victime. Il ne comprend pas encore que les échecs des inventeurs ne sont dus qu'à des supercheries et non à des dysfonctionnements maladroits. Les aventures africaines et espagnoles étant sans lendemain, l'avocat continue malgré tout son œuvre et s'attaque désormais à la France. Et plus précisément, à l'entreprise pétrolière nationale, Elf. Le temps de l'entraînement et des galops d'essai est terminé, voici le moment de passer « aux choses sérieuses ». Elf étant une entreprise à capitaux majoritairement publics, les dirigeants ont besoin du consentement des représentants de l'État pour les grandes décisions budgétaires. Ce sont ces particularités que vont exploiter les médiateurs, et qui permettront de mêler le Président et son Premier ministre à cette incroyable imposture.

Jean Violet avec l'aide d'Antoine Pinay, du dirigeant de la banque suisse UBS (Union de Banques Suisses) et de ses contacts parmi les anciens fonctionnaires des services secrets employés dans la société pétrolière, persuade Pierre Guillaumat, le président d'Elf, de réaliser l'expérimentation du procédé. Une première série de tests est effectuée en vol à vue et au sol. Les instruments sont mis à l'épreuve sur quatre petits gisements de pétrole ou de gaz situés en Aquitaine, sur des permis appartenant à Elf. Il existe deux instruments : Delta, un laboratoire embarqué dans un avion qui détecte le pétrole grâce à un système sophistiqué de radar. Gamma, un

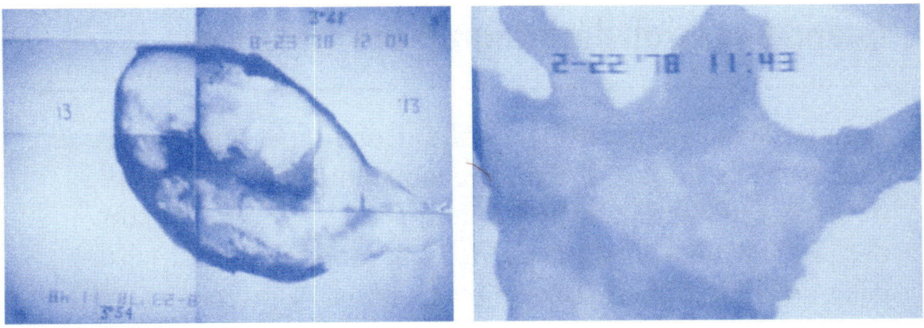

Clichés aériens des expériences Gamma (à gauche) et Delta (à droite) représentant des gisements de pétroles.

système d'appareil photographique utilisé au sol, permettant de prendre des clichés des profondeurs géologiques. Lors du test, l'appareil Delta se déclenche au bon endroit, au bon moment, dans une zone géographique où la composition géologique des profondeurs du sol était tenue secrète.

Bonassoli et Villegas ont obtenu les données géologiques secrètes des sites grâce à de mystérieuses complicités qui ne seront jamais révélées.

Au terme de ces premières tentatives, l'euphorie gagne les dirigeants d'Elf : grâce à cette technologie, ils vont sauver la France de la crise et hisser la compagnie pétrolière au premier rang mondial. Le président Guillaumat s'inquiète pourtant de voir l'invention du siècle lui passer sous le nez, car Violet fait mine de vouloir vendre « son » invention aux Américains… ou à un émirat ! Un premier contrat est donc signé à la va-vite avec la société Fisalma, dont l'actionnaire n'est autre que Villegas. Gage de crédibilité, la signature est organisée au siège d'UBS à Genève, avec le président de la banque… qui n'est autre que Philippe de Weck, fondé de pouvoir de la société Fisalma !
La menace de Villegas de laisser le projet à d'autres pays plus généreux exerce une pression émotive, presque irraisonnée, sur les dirigeants de l'entreprise publique. En juin 1976, ils acceptent toutes les conditions demandées : Elf ne sera qu'un utilisateur, ne bénéficiera d'aucun transfert technologique… et versera l'équivalent de 236 millions

Quand Bonassoli désintégrait des casseroles

Dans un livre paru en 1971, *Histoire inconnue des hommes depuis cent mille ans*, Robert Charroux raconte l'histoire d'un jeune Italien qui prétendait avoir désintégré des casseroles devant des journalistes. « Tout à coup, du petit groupe des journalistes jaillit un cri de stupeur. Des objets posés sur la première table, il ne demeurait rien ! Les deux casseroles en aluminium, le petit pot de grès et la poupée en chiffon avaient été désintégrés. C'est ainsi qu'Aldo Bonassoli présenta à la presse sa dernière invention : le fameux rayon à désintégrer la matière que, déjà, Marconi prétendit avoir découvert, mais qu'il ne réalisa jamais. L'inventeur est extrêmement discret sur le mécanisme de l'appareil, mais il s'agit vraisemblablement d'ultrasons dont Aldo Bonassoli ne peut prévoir que deux applications pratiques : désintégrer l'essence et par là réduire à néant tout usage des véhicules automobiles et d'avions en cas de conflit ; désintégrer les bombes atomiques en des zones déterminées. Mais on comprend la difficulté qu'il peut y avoir à produire la désintégration de certaines matières sans toucher aux autres et surtout à la matière vivante. » C'est sur ce mystificateur de fête foraine que l'État français fondera ses espoirs pour sauver la France de la crise. Malheureusement, l'indexation de Google n'existait pas encore… et ce livre n'a jamais été porté à la connaissance des dirigeants d'Elf.

d'euros actuels pour le développement du programme, sans possibilité de récupérer son argent ! Au lendemain de la signature, Pinay, Guillaumat, Villegas et Violet se retrouvent à l'Élysée pour présenter le projet au président de la République, qui l'avalise : Guillaumat est couvert par son actionnaire, l'État français, l'aventure de Bonassoli et Villegas peut se poursuivre sans encombre…

Opérations classées secret-défense

Villegas dépense désormais sans compter. Le château de famille près de Bruxelles devient le QG de sa société, le Centre de recherches fondamentales (CRF). Progressivement, il achète plusieurs avions équipés en laboratoires volants, un bateau, et embauche des pilotes et de nombreux ingénieurs. En parallèle, l'opération Aix (nom de code du projet secret) peut débuter. Une première prospection est programmée au large du littoral breton, en mer d'Iroise. C'est selon le vocabulaire des pétroliers, une zone « chaude », susceptible de renfermer du pétrole. Mais les zones indiquées par Delta surprennent les géologues d'Elf, car elles ne correspondent pas aux relevés géologiques. Rien de grave, on va continuer à régler les appareils… Une quinzaine d'autres missions suivent, notamment en Aquitaine, dans le golfe de Gascogne, en Camargue et dans le Gers.

Bonassoli manipule seul ses appareils, dissimulés derrière un drap.

Elf récupère des clichés aériens indiquant la composition du sol, sans en savoir plus sur la technique de la prise de vue. Malgré les errements et le manque de résultats concrets (aucun nouveau gisement n'est encore découvert), l'équipe d'Elf se montre satisfaite. Pierre Guillaumat écrit au Premier ministre pour le tenir au courant des avancées de ces recherches qui resteront dans les annales de l'Histoire.
Lors d'une mission aérienne au large de Brest, l'invention passe du secret industriel au secret militaire. L'appareil détecte de l'uranium, qui se révèle être un sous-marin. Et si ce procédé est capable de localiser des sous-marins nucléaires par définition indétectables, alors le projet Aix devient une affaire d'État… à la grande satisfaction de Villegas, qui voit toutes ses opérations frauduleuses estampillées secret-défense.
Pourtant, dans toutes les opérations, des résultats sont justes, malgré les incohérences et les contradictions constatées par les ingénieurs d'Elf. Certes, les gisements sont déjà connus, mais tout de même, cela reste prometteur ! Les géologues ont une liste impressionnante de gisements potentiels qu'ils soumettent à la société de Villegas. Les mois passent, mission après mission. De nouveaux sondages ont lieu en 1978 en Afrique du Sud. Premier incident marquant pour le projet Aix, Delta indique des gisements pétrolifères dans des zones basaltiques. Or, le pétrole ne peut se trouver sous le basalte. Les

L'enseignement du maître imposteur

Bonassoli a pour nouvelle mission de former les jeunes polytechniciens qui constituent l'équipe de recherche d'Elf. Ils n'y comprennent rien, mais se laissent berner par ses affabulations scientifiques. Dans un fameux documentaire qui retrace notre affaire, l'Italien explique en 2012 comment fonctionnait son invention : « Toute l'énergie de la matière se concentre au centre de la Terre, de la masse. C'est capté par l'avion du moment où il interagit sur l'appareillage. Il y a un flux dedans, s'il y a du gaz. Et il transforme un flux gravitationnel en flux électromagnétique. Et après, vous pouvez faire tout ce que vous voulez. » Nous espérons que notre lecteur ressortira instruit de cette explication lumineuse ! « Si vous ne comprenez pas Aldo, c'est qu'il est trop génial pour vous », assène Villegas.

ingénieurs et géologues se soumettent et creusent pourtant jusqu'à 5 000 mètres de profondeur, où le forage se coince. L'équipe s'agace et commence à trouver tout cela ubuesque : « C'est dommage, le pétrole était à 6 200 mètres », insiste Bonassoli. On plie bagage. Pourtant, l'équipe d'Elf demeure indulgente et ne veut pas abandonner. L'argument « on risque de lâcher au profit des étrangers une découverte sensationnelle » reste un formidable élixir, capable de gommer tout esprit critique chez ces scientifiques, hauts fonctionnaires et hommes d'État pourtant formés dans les écoles les plus prestigieuses.

Le manque de perfectionnement de l'appareil pouvait expliquer les dysfonctionnements et la nécessité de parfaire le procédé.

Après l'échec africain, une conclusion s'impose : « Le développement technologique n'était pas à la hauteur de la révolution scientifique d'Aldo », dira plus tard un géologue d'Elf. Sous peine de stopper les opérations, la compagnie pétrolière oblige Villegas et Bonassoli à céder leur procédé pour que l'entreprise puisse réaliser elle-même le développement technique de l'appareil. Un nouveau contrat de

295 millions d'euros actuels est signé pour acheter la technologie. La somme est empruntée à la banque UBS – son président est fondé de pouvoir de Villegas ! – sous couvert d'une société-écran au Liechtenstein. Ni vu ni connu.

Sur place, dans les locaux du Centre de recherches fondamentales, l'atmosphère change. Elf ayant obligé les deux hommes à transmettre leur technologie, le comte paraît de plus en plus soucieux. Dans le laboratoire du CRF, l'imposture se dévoile – enfin – début 1979, alors qu'Aldo part en congés. Les ingénieurs accèdent aux appareils et constatent la supercherie. Pourtant, l'envoûtement de Villegas agit encore : contre toute attente, l'équipe d'Elf se persuade qu'il s'agit d'un canular monté par Bonassoli pour casser le contrat et aller voir ailleurs ! Alors même que les ingénieurs savent que le procédé utilisé par Bonassoli est bidonné, une démonstration est organisée devant Valéry Giscard d'Estaing. Avec l'impensable complicité désabusée des ingénieurs, l'invention truquée est montrée au Président !

L'imposture définitivement dévoilée

En étudiant plus avant des clichés des démonstrations, un géologue suspicieux constate la présence d'une tache sur l'un d'entre eux. En séchant, la goutte s'est entourée d'un liseré de peinture. La photo a été fabriquée ! Il appelle la direction d'Elf pour lui annoncer sa découverte : « Comment ça, une imposture, sûrement pas ! », lui répond le directeur technique de l'entreprise. Cette duperie est une nouvelle manœuvre pour vendre à d'autres l'invention. Peut-être même est-elle commandée par les renseignements généraux d'un autre pays ?

Villegas, un généreux donateur

Les enquêteurs du ministère des Finances découvrent quelques années plus tard que Villegas avait aussi utilisé l'argent d'Elf pour financer des œuvres caritatives. Il a notamment offert l'équivalent de 6 millions d'euros pour construire une église en l'honneur de la religieuse mystique Marthe Robin à Châteauneuf-de-Galaure, dans la Drôme…

LA TACHE RÉVÉLANT L'IMPOSTURE

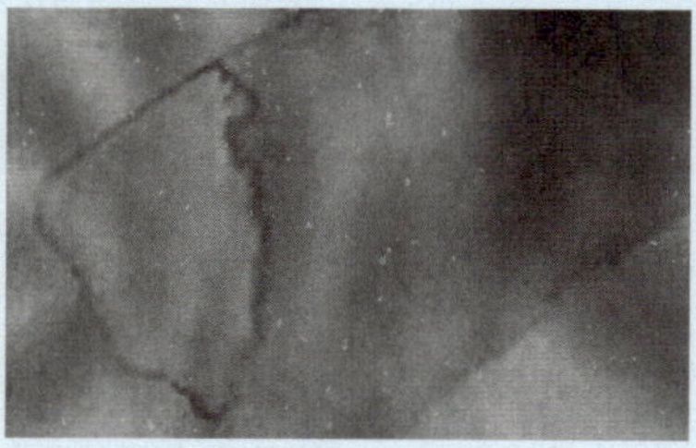

Un ingénieur d'Elf découvre et prouve l'imposture grâce à une simple goutte d'eau séchée, entourée d'un liseré de peinture sur une photographie aérienne de relevé géologique.

Le ministre de l'Industrie, mis au courant de l'affaire, semble bien mieux conseillé que les dirigeants d'Elf. Comprenant le premier que tout cela n'est qu'une grossière mystification réalisée par des escrocs, il fait rapatrier l'appareillage du CRF de Bruxelles jusqu'à Rueil, en banlieue parisienne, pour une ultime expérience. Elle est organisée dans une maison anonyme, louée en toute confidentialité en dehors des locaux des institutions publiques et du regard indiscret des fonctionnaires.

> ***« L'explication de cette photo truquée est forcément qu'il y a un vrai secret, caché par un faux ! »***
> Paul Alba, directeur technique d'Elf

Le 24 mai 1979, un physicien émérite, Jules Horowitz, est nommé par le ministère afin d'expertiser l'invention en présence d'Aldo. L'Italien est toujours très assuré tant dans ses manipulations que dans ses propos. Jules Horowitz est un grand physicien, et le duel qui oppose le petit escroc au grand chercheur a forcément des accents burlesques. Horowitz décide de tendre un piège à l'électrotechnicien de Bergame. Aldo installe son matériel, tandis qu'Horowitz dépose une enveloppe contenant une règle dans la pièce voisine. Aldo tripote ses potentiomètres, et c'est la victoire ! La règle apparaît sur l'écran. Le test est positif ! Vraiment ? Horowitz garde un silence imperturbable et reprend l'enveloppe. Il la décachette avec lenteur et en ressort la règle. L'assistance est silencieuse, pourtant les regards d'Aldo et de Villegas trahissent leur panique. Antoine Pinay, Jean Violet et Pierre Guillaumat affichent de leur côté une mine dépitée : la règle est cassée en deux. La photo est truquée. C'en est fini de Bonassoli et de Villegas. « L'appareil qu'ils ont apporté de Bruxelles à Rueil ne marchait pas. Il en manquait une partie, et c'est moi qui l'avais fait exprès », sera l'ultime explication du mystificateur Aldo Bonassoli.

Le scandale médiatique

En 1980, un contrôle fiscal analyse le sous-compte d'exploitation 636 de la compagnie Elf : études, recherches et documentation technique. Le budget y apparaît supérieur aux résultats nets de l'entreprise, pendant deux ans.

1977 : 3,6 millions de francs (2,12 millions d'euros)
1978 : 126,4 millions de francs (74 millions d'euros)
1979 : 198,5 millions de francs (117 millions d'euros)

Ce contrôle fiscal et toute l'opération sont alors camouflés par le Premier ministre en personne. L'affaire n'est dévoilée qu'en 1983 par le journaliste Pierre Péan, du *Canard enchaîné*, à la faveur d'une confidence d'un haut fonctionnaire. « La tragique histoire des "avions renifleurs" qui ne reniflaient rien », titre le journal. L'opération Aix devient ainsi, pour l'histoire, l'affaire des avions renifleurs. Et certainement l'une des mystifications technologiques les plus flamboyantes du XXe siècle.

Des procédés révolutionnaires

L'APPAREIL DELTA

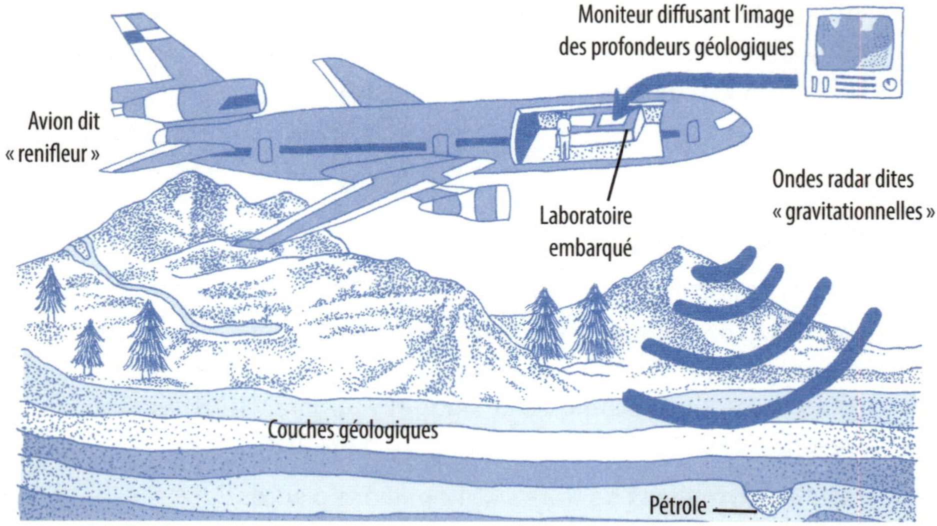

Un système radar émet des « ondes gravitationnelles » vers le sol, depuis un laboratoire embarqué dans un avion. L'écho de ces ondes produit sur l'écran du moniteur des zones de couleurs différentes permettant de reconnaître les ressources géologiques profondes des terrains survolés. Dès que du pétrole est trouvé, un bip tonitruant retentit.

L'APPAREIL GAMMA

Une caméra installée au sol sur un trépied enregistre des images de zones géographiques préalablement repérées. L'appareil permet ensuite le développement d'un cliché photographique indiquant précisément le détail des couches géologiques profondes.

L'imposture

LE PROCÉDÉ DELTA DÉMASQUÉ

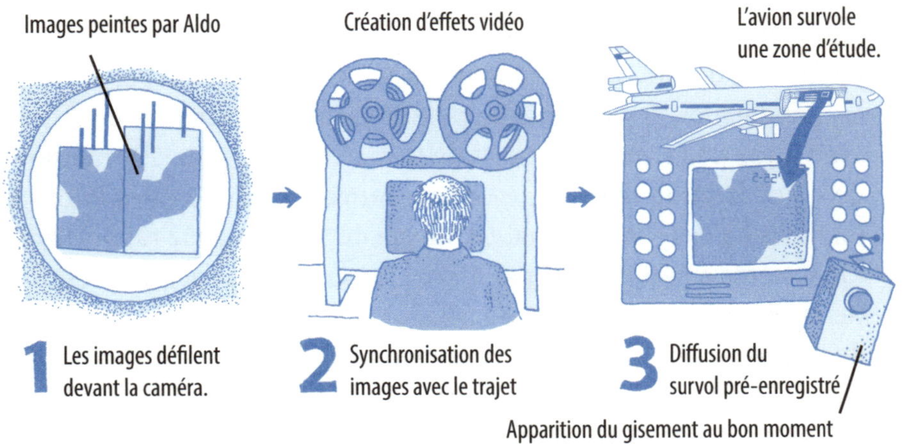

Les ingénieurs démontent les appareils Delta et découvrent un astucieux système d'habillage vidéo. Il consiste à enregistrer au préalable sur un magnétoscope des images peintes par Aldo Bonassoli lui-même, puis à synchroniser le déroulement des images avec le trajet de l'avion. Le passage de la feuille devant l'écran donne l'impression que l'on survole un gisement. Une télécommande permet de lancer à distance le défilement des images sur l'écran.

LE PROCÉDÉ GAMMA DÉMASQUÉ

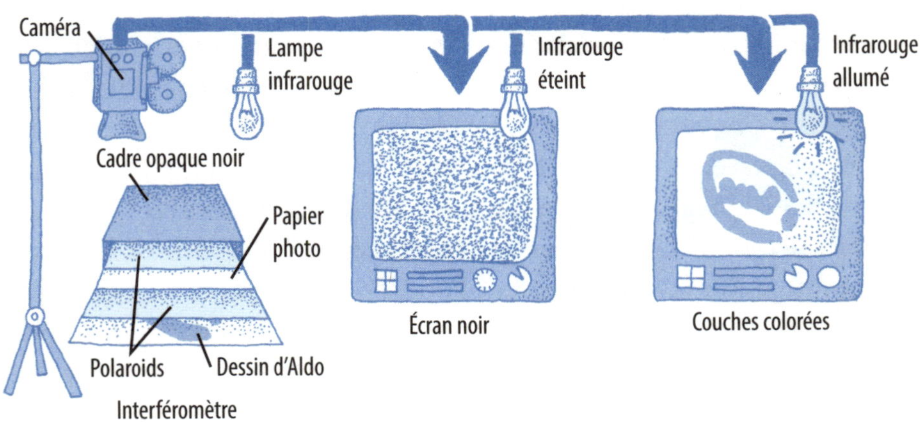

L'interféromètre est en réalité constitué d'une caméra, d'une lampe à infrarouge, d'un cadre opaque noir, dans lequel est glissé un papier photo entre deux Polaroids. En illuminant cet assemblage avec la lampe à infrarouge, rien ne semble se passer, le cadre reste noir. En revanche, la caméra étant sensible à l'infrarouge, elle capte l'image qui est derrière les Polaroids. L'image est assez précise pour que lorsque l'on place un texte, il soit lisible à travers les différentes couches. Le moniteur affiche ainsi des zones colorées (préalablement peintes par Aldo) sans que rien ne soit visible à l'œil nu dans le champ de la caméra.

Les autres affaires similaires

En 2002 émerge en France une autre affaire rocambolesque d'avions renifleurs, mais à la mode corse cette fois ! Le ministre de l'Intérieur, Daniel Vaillant, se voit proposer par la Direction de la gendarmerie nationale un dispositif de recherche inédit pour retrouver l'ennemi public n° 1 d'alors, Yvan Colonna, assassin présumé d'un préfet. Selon les gendarmes, il y aurait une possibilité d'expérimenter en Corse, avec l'aide de l'armée de l'air et de la marine, une nouvelle méthode de « biodétection thermique » d'êtres humains grâce à « des avions et un relais bateau ». Le journal *Le Monde* du 9 juillet 2002 rapporte que « le système a été examiné par Lionel Jospin avant l'élection présidentielle, et suffisamment pris au sérieux pour avoir occupé l'entretien de passation des pouvoirs entre Daniel Vaillant et son successeur, Nicolas Sarkozy ». Heureusement, l'expérience des avions renifleurs a laissé des traces dans la mémoire des hommes politiques français. « Une localisation thermique ? Ridicule, s'esclaffe l'un des enquêteurs de la gendarmerie en Corse. La chair humaine comprend 90 % d'eau et 10 % de matière organique. Il est impossible de différencier des êtres humains par rayonnements infrarouges. » Le procédé ne dépassera pas le stade de projet.

Autre affaire similaire, en 2008, les policiers belges découvrent l'existence d'un appareil de détection à longue distance de tous types de substances criminelles (drogues, explosifs...) intitulé « ADE 651 ». Ils comprennent cependant qu'il s'agit d'une supercherie, bien que l'appareil soit homologué et promu par l'Onu ! Deux ans plus tard, la fraude est reconnue par la justice britannique... Malgré cette falsification avérée, des ADE 651 sont toujours utilisés. L'aéroport international de Jinnah, au Pakistan, attaqué par des terroristes en 2014, était protégé par des forces de sécurité équipées d'ADE 651. D'autres pays, comme le Kenya, continuent de l'utiliser malgré ces révélations... et ce, bien qu'un fonctionnaire kenyan ait été condamné en 2011 pour avoir reçu des pots-de-vin du fabricant !

> ***« Un système de détection infrarouge longue distance permettrait de localiser Yvan Colonna dans une bergerie reculée du maquis corse. »***
>
> *Le Monde*, 9 juillet 2012

Un véritable avion renifleur ?

Depuis le début des années 2010, la Royal Dutch Shell (filiale allemande du pétrolier britannique) effectue des expériences aériennes sur de vastes étendues de terrain accidenté pour détecter du pétrole. Contrairement au Delta de Bonassoli et Villegas, le procédé est un instrument des plus sérieux qui pourrait « renifler » les signatures moléculaires des hydrocarbures flottant dans l'air à des concentrations infinitésimales. Les ingénieurs allemands ont conçu un astucieux laboratoire à bord d'un avion volant à basse altitude (environ 1 000 pieds, soit 300 mètres). Grâce à des petites fissures dans la roche et à l'activité sismique subtile du sol, certains hydrocarbures très légers comme le méthane et l'éthane (contenus dans le pétrole) échappent à leur prison minérale pour stagner à très faible concentration dans la haute atmosphère.

La méthode est la suivante : un système laser analyse des colonnes d'air pour déterminer sa composition et y trouver les précieuses molécules d'hydrocarbures. Dans un même temps, d'autres instruments enregistrent des informations sur la vitesse du vent, l'altitude et la température. L'avion contient également des instruments plus traditionnels pour mesurer les signatures magnétiques et gravitationnelles de la terre, qui peuvent donner des indications géologiques partielles, mais complémentaires, concernant la présence de pétrole. Une fois toutes ces données assemblées et analysées, un logiciel indique les coordonnées géographiques du terrain dont sont issus les hydrocarbures. Le dispositif aérien est économique, puisqu'il couvre de grandes étendues en peu de temps et détecte d'éventuelles ressources dans des zones difficilement accessibles.

Shell a ainsi fait plusieurs vols d'essai (notamment dans le désert algérien) avec un avion renifleur programmé pour détecter le méthane. Mais ce gaz pouvant être produit par l'activité humaine et agricole (pollutions organiques bovines), les recherches se sont alors orientées vers l'éthane, un hydrocarbure lourd qui n'est pas produit par l'activité humaine, mais qui est beaucoup plus complexe à identifier.

Bien que toutes ces recherches soient encore vaines, les chercheurs allemands pensent être prêts à découvrir leur premier gisement par voie aérienne d'ici à 2020.